不同地理环境背景下地下水中氟含量特征及控制研究

徐永新 著

黄河水利出版社

· 郑 州 ·

内 容 提 要

地方性氟中毒在人类远古祖先生活的时代可能已经出现，是一种古老的疾病，不同地理环境背景下地下水中氟含量特征是不同的。本书分别对大理 EY 地区氟中毒地区高氟温泉水以及 XC 地区高氟水体含量特征进行分析，对研究区改水降氟工程运行与管理开展现状调查，初步探讨不同地理环境背景下地下水中氟含量差异的原因。在此基础上开展除氟试验，探寻操作方便、成本低廉、过程简单的除氟方法，提出不同地区生态降氟建设途径，使当地水体达到饮水标准，同时为当地居民节约能源起到良好效果。

图书在版编目(CIP)数据

不同地理环境背景下地下水中氟含量特征及控制研究/
徐永新著.—郑州:黄河水利出版社,2023.8
ISBN 978-7-5509-3708-6

Ⅰ.①不…　Ⅱ.①徐…　Ⅲ.①地下水-氟-研究-大
理　Ⅳ.①P641.12

中国国家版本馆 CIP 数据核字(2023)第 161643 号

责任编辑	陈彦霞	责任校对	王 璇
封面设计	李思璇	责任监制	常红昕

出版发行　黄河水利出版社
地址:河南省郑州市顺河路 49 号　邮政编码:450003
网址:www.yrcp.com　E-mail:hhslcbs@126.com
发行部电话:0371-66020550
承印单位　河南新华印刷集团有限公司
开　　本　787 mm×1 092 mm　1/16
印　　张　9.25
字　　数　210 千字
版次印次　2023 年 8 月第 1 版　　2023 年 8 月第 1 次印刷
定　　价　78.00 元

前　言

　　氟是人体必需的微量元素之一,分布在人体的各个部位,主要集中于骨骼和牙齿中,是构成骨、齿的重要元素。摄入适量的氟,有益于儿童生长发育,可以预防龋齿及老年人骨骼变脆。当人体摄入氟过量时,轻者为“斑釉齿”,重者为“氟骨症”,严重的氟病患者肌肉萎缩、脊柱弯曲、四肢变形,甚至瘫痪,导致地方性氟中毒。地方性氟中毒是一种在一定的地理环境中长期摄入过多的氟引起的生物地球化学疾病,是中国最为古老的疾病之一,在世界各地分布非常广泛。目前,世界上多达50多个国家存在地方性氟中毒流行的现象。而在我国,除上海市外,各省、自治区、直辖市都在不同程度上存在地方性氟中毒流行的现象,是目前影响我国人民身体健康的地方性疾病之一。

　　特殊的地理环境中,人或动物长时间从外界环境中,包括饮水、食物、空气等方面摄入过量的氟化物,在身体内产生累积,从而引起的全身范围的慢性中毒,其主要对牙齿和骨骼造成损害,地方性氟中毒既是十分广泛的社会性疾病,又是生物地球化学性疾病,是由多种因素综合影响而导致的疾病,受到自然环境因素和社会条件因素的制约,在贫穷落后的地区较为广泛。自然环境因素包括气候、水文、地质构造等;社会因素包括人文、经济、教育、风俗习惯等。

　　不同地理环境背景下地下水中氟含量特征及成因各不相同,富氟盐渍化区是我国主要的地方性氟病类型,广泛分布在我国东北、西北和华北各省、自治区及直辖市的平原、盆地,病区范围广且连片分布。高氟温泉成因类型由于温泉区内的居民因饮用温泉而致病,呈点状分散分布。室内燃煤氟污染成因类型源于高氟煤球在露天炉灶和无烟烟囱中燃烧造成的室内氟污染,造成氟摄入过量而中毒。饮茶成因类型源于我国部分居民嗜饮浓茶以致患病,较典型的有四川西部的藏族居民区。

　　本书以作者多年来的工作实践和研究成果为基础,并吸收了近年来国内外对地下水系统中氟以及高氟地下水控制的最新研究成果而完成。全书兼顾理论研究和实际调查,既包括大理EY高氟温泉水地区地下水中氟的含量、分布特征,又包括XC市地下水氟的含量及分布特征,在此基础上,开展了对不同地理环境背景下高氟地下水的控氟、降氟研究,内容较为系统和丰富。

　　本书的研究在实施过程中得到大理疾病预防控制中心、洱源县疾病预防控制中心、许昌市疾病预防控制中心、河南省许昌生态环境监测中心等单位的支持,特别感谢洱源县疾病预防控制中心李桂科主任和许昌市环境监控信息中心马俊峰主任在采样过程中给予的大力帮助。参与本书研究的还有许昌学院地理科学专业本科生夏熙婧、王思雨、蔡来福、常燕宁、靳功金等,他们为本项目的样品采集、测试及数据分析等工作做出了巨大努力和卓有成效的工作。许昌学院地理科学专业的袁胜元教授、郑敬刚教授、李中轩教授、孙艳丽老师、沈宁娟老师等在项目开展过程中给予了极大的鼓励和支持,在此表示诚挚的感谢！本书是在"许昌市县级水环境质量研究及运维保障"项目（2022HX079）资助下完成的，在此一并感谢！

本书共分为 10 章，由于内容涉及面广、数据量大，加之作者学术水平所限，书中错误和不足之处在所难免，敬请读者批评指正！

作 者

2023 年 7 月

目 录

第 1 章　绪　论

1.1　选题的背景与意义

1.1.1　氟的理化性质及来源

氟是指氟元素,化学符号为 F,是大自然中固有的化学物质,约占全部地球表层分量的 0.03%~0.08%。地壳中氟含量平均为 770 μg/g。氟在化学元素周期表中是第 9 位元素,属周期系ⅦA 族元素,典型的亲石元素,常以阴离子和络合物的形式而存在。氟元素是一种非常典型的电负性元素,具有极强的氧化能力。它也是一种最为活泼的非金属元素,大多数元素可以与它直接或间接地形成氟化物。

从 1771 年瑞典化学家舍勒生产氢氟酸到 1886 年法国化学家莫瓦桑分离元素氟,历时 100 多年。在室温下,氟气体的颜色是淡黄色,氟液体的颜色也是淡黄色,氟固体的是乳白色。在室温下,气态氟的密度为 1.11 g/cm³,熔点为-219.62 ℃,沸点为-188.14 ℃,氟颜色是最轻的卤素元素,也是化学活性最强的元素之一,在自然环境中通常不以元素的形式而存在。氟是自然界固有的化学物质,占地球总成分的 0.077%,在地壳各种元素中排名第 16 位,地壳平均丰度为 300 mg/kg。氟离子和氢离子具有相同的电荷量,它们的离子半径几乎相同。在许多矿物结构中,它们常常可以互相取代。在矿石中,氟以萤石（CaF_2）、氟磷灰石[$Ca_5(PO_4)_3F$]和冰晶石[Na_3AlF_6]的方式存在。土壤中氟的含量从微量到 7 070 mg/kg 不等,岩石中磷矿石中的氟含量为 80~4 700 mg/kg。它们是关键的化工原料,普遍使用于铝、磷肥、钢铁和有机氟等高级润滑油中。

氟化物具有很重要的环境化学特性,具有一定的水溶性质,如果在酸性或中性环境中,其以稳定的离子和金属络合物的状态而存在,容易随水迁移,因此氟的迁移能力相对较强。自然界中的氟大多存在于岩石、土壤和矿物中,还有一部分存在于大气中、水中以及动物体内。其中,大气中的氟主要来源于粉尘、工业废气、海水蒸发、燃煤废气、火山喷发等。据统计,全世界每年火山喷发所产生的氟化物就有约 730 t。

氟的污染不是由单因素形成的,而是由多种因素形成的。总的来说,工业废水的排放是最主要的影响因素。一切加工含氟原料、制备含氟产品的产业企业,在没有深度脱氟特别工艺流程的状况下,都是发生含氟"三废"的净化源。白云鄂博矿山是包钢主要的原料基地,钢铁材料、铝电解材料、磷肥,以及水泥、砖瓦、陶瓷、玻璃、稀土等生产材料中都存在不同含量的氟化物释放。氟的排放源与氟加工业的排放源相同,氟加工业的工业废水中含有大量的氟化物。另外,工业革命以来,为了满足人类的不同需求,氟的价值被不断发掘并广泛应用于有色冶金、石油化工、航空燃料、电解铝、磷肥、玻璃等工业生产中,在加工过程中使用的氟矿物会使氟随粉尘或气态化合物进入大气中,污染环境。

　　加工过程中使用的氟矿物使氟随粉尘或气态化合物进入废水中,会造成环境污染。根据国家相关规定,工业废水氟含量不应超过 10 mg/L。例如:在钢铁企业进行高炉和转炉等冶炼过程中,都需要萤石作为助熔剂,在冶炼过程中会产生烟气,这是钢铁企业氟污染的主要来源。研究资料显示,钢铁企业生产过程中的氟元素大部分会以炉渣形式排放,约 11.33% 通过废水排放,其余随烟气排放。在铝制造业,铝生产主要是通过氧化铝熔融状态下的冰晶石进行电解还原。氟污染主要来源于铝电解过程中消耗的氟化铝和冰晶石。一般来说,每吨铝锭消耗 40% ~ 50% 的氟化物随电解烟气排出。磷肥行业的氟污染相对较低,但为了改善工艺条件,提高产品质量,常添加萤石、冰晶石、氟硅酸钠等含氟原料作为催化剂,在其生产过程中也会产生大量的含氟有害物质。在高温情况下,砖的生产过程和烧制过程会排放大量的含氟废气。在高温烧结过程中,泥浆、陶瓷、砖等生产企业的原料中会析出 HF、SiF_4 和 CaF_2,这些气体或灰尘通常进入大气。

　　煤中也含有氟,平均约为 150×10^{-6} mg/kg,燃煤过程中约有 75% 的氟排放到空气中,对大气环境影响巨大。此外,燃煤是寒冷山区氟污染的重要原因之一。在严寒地区,人们用煤取暖,但使用劣质煤,采用相对落后的燃煤方式,使室内空气以及食物受到严重的氟污染。据统计,煤燃烧过程中一半左右的煤会形成各种含氟化物的气体。例如:玉米经过含氟煤的熏烤后,其氟含量可以达到 26.3 ~ 84.2 mg/kg。我国《工业企业设计卫生标准》(GBZ 1—2010)中的规定,住宅区空气中氟含量(折氟)浓度不得超过 0.02 mg/m³,日均氟浓度不得超过 0.007 mg/m³。但由于没有烟囱,直接在室内燃煤,室内空气中氟含量达到 0.039 ~ 0.500 mg/m³。这是氟中毒的直接原因。

1.1.2　自然界中的氟

　　氟是大自然中固有的一种化学物质,存在于自然界中的各种介质中。

1.1.2.1　岩石和矿石中的氟存在于各种岩石中

　　不同地质时代的岩石中,氟的含量不同,其含量为 0.022% ~ 0.090%,平均为0.055%。氟的亲和力和成矿能力都很强。地壳中含氟矿物 110 多种,岩石中氟含量为625×10^{-6} ~ 800×10^{-6} mg/kg。含氟的矿物,其中最明显的就是氟化钙。此外,冰晶石、磷灰石、萤石、氟铝石,以及水镁石、氟硅酸钾、氟碳酸盐、氟硅酸、氟铝酸盐、氟磷酸盐、氟硼酸盐等矿物中均有氟元素的存在。

1.1.2.2　空气中的氟

　　空气中的氟的来源既有自然因素,也有人为因素,包括海水蒸发、火山喷发以及工业排放。其中,海水蒸发是大气氟含量增加的主要来源。氟的存在形式主要是氟化氢(HF)、四氟化硅(SiF_4)、氟硅酸(H_2SiF_6)、氟气或氟尘。

1.1.2.3　土壤中的氟

　　土壤中的氟主要来源于地表岩石和矿石、大气中氟的沉积、工业含氟粉尘或废水排放、施用化肥或农药以及火山喷发。土壤中的氟含量为 160×10^{-6} ~ 715×10^{-6} mg/kg,黏土中的氟含量为 0.02 亿 ~ 1.5 亿 t。土壤中氟的分布受到土壤组成、土壤性质、黏粒含量、铁含量、有机质含量、可溶性组分的含量以及氟溶液化学成分的影响。不溶性的氟主要以 CaF_2 的形式存在于土壤中。可溶性的氟与土壤的 pH 值关系密切，其含量会随着土壤 pH 值的变化而变化，在土壤 pH 值低于 7 的环境中，氟会与铁、镁、铝形成络合物，在 pH 值高于 7 的环境中将会以阴离子的形式存在。

1.1.2.4 水中的氟

水中的氟主要来自于岩石、矿石或大气中的沉积。因为负价态是自然界中氟的唯一形式，大多数氟化物是水溶性的，所以天然水中氟离子浓度随流经的土壤和岩石中氟含量的变化而变化，含量最低的在 0.01 mg/L 以下，最高的可达 100 mg/L。水中氟含量受各种自然条件和人为因素的影响很大，主要影响因素是水的 pH 值与流域地层中的氟含量。

1.1.2.5 植物中的氟

在大自然中，植物中一般均有氟的存在。植物中的氟主要来源于大气。植物获取气态氟主要通过叶片的呼吸作用来完成，通过根系的吸收作用获得土壤中的水或土壤颗粒中的氟，并不断在植物体内积累一种含氟的粉尘。由于重力作用或大气降水，这些植物体中产生的含氟粉尘最终会在植物叶片表层附着。

1.1.2.6 动物体内的氟

动物体内的氟主要来自于食物、饮用水和大气等，不同动物种类的氟元素含量是不同的，其中陆生动物体内的氟含量低于海洋动物。同一动物不同部分的氟含量也是不同的，一般而言，动物体内的氟主要集中在骨骼、牙齿、指甲等部分，而其他组织部分氟含量较低。

1.1.3 氟的生物化学功能

氟是人体重要的微量元素之一，有着重要的生化功能。氟经常以氟离子的形式广泛分布在自然界。氟化物在人体中的主要分布区域是人类的骨骼和牙齿。人类的生命活动以及牙齿、骨骼的组成和代谢与人体中的氟息息相关。适量的氟化物可代替牙釉质中的羟基磷灰石，形成氟磷灰石，使牙齿坚硬耐磨，具有抗酸作用。它能降低口腔中乳酸菌的活性，当人体摄入氟化物超过一定限度时，大量的氟会沉积在牙齿部位，造成牙釉质棱柱结构的形成障碍。

地方性氟中毒是发生在特定地理条件下的一种较为严重的生物化学疾病。因饮用水、空气、食物等，过量地摄入氟这一致病因子，从而引起慢性全身性氟累积中毒，主要表现为氟骨症、氟斑牙等。因此，在氟含量高的地区，检测环境中的氟，找出地方病的致病因素，对有效预防地方性氟中毒具有深远的现实意义。

1.1.3.1 氟与生长发育和繁殖的关系

适量氟元素的摄入在哺乳类动物的生长发育和繁殖过程中是不可或缺的。近年来，专家试验研究表明，如果喂养小白鼠氟含量小于 0.005 mg/kg 的饲料，那么这只小白鼠的生长发育将会比正常小白鼠的生长发育更缓慢，其生殖能力也会降低，甚至出现不孕的现象；而在小白鼠的饲料中补充一定量的氟后，即可发现这只小白鼠的生长发育和生殖能力会逐渐恢复正常。氟元素对生物体寿命延长的作用是社会关注的问题，但目前取得的进展不大。Schroeder 等研究表明,雌鼠缺氟时生长发育明显比正常的减缓,且寿命也会缩短。

1.1.3.2　氟与骨骼代谢的关系

氟在钙、磷代谢的过程中有着极为重要的作用,氟的参与有助于加快钙和磷形成氟磷灰石,进而提高骨骼的强度。骨盐在人体骨骼中的比例一般为 60%,骨盐结晶表面的离子可以和氟进行置换,形成氟磷灰石,从而成为骨盐重要的一部分。当骨盐中氟含量充足时,骨质会变得坚硬。适量的氟有利于提高钙和磷的利用率并加快其在骨骼中的沉积,提高骨骼的形成速度,促进骨骼生长。

相关领域专家研究表明,人体补充适量的氟元素,可以加快羟基磷灰石的羟基被氟取代,从而形成质地分布均匀的氟磷灰石。后者的化学溶解度降低,其抗热稳定性能明显增强,骨骼强度大大提高。所以在人体中,氟对正常的钙、磷的新陈代谢作用是不可或缺的。

1.1.3.3　氟对牙齿的作用

人类很早就认识到氟化物有保护牙齿健康和预防龋齿的作用。自 20 世纪 60 年代以来,在饮用水中添加适量氟化物的方法在世界范围内开始流行。目前,它已被用于氟化物防龋。氟的预防机制与氟对骨骼代谢的影响是一致的。大部分釉质矿化后,氟化物仍能置换羟基磷灰石中的羟基,形成氟磷灰石,进入到牙釉质的晶格构造中,在牙齿的表面形成一种氟磷灰石的保护层,提高牙齿的坚固程度,增强牙釉质的耐酸性。不仅如此,氟化物还起着抑制细菌和酶的作用,可减少细菌活动产生的酸性物质,对牙齿的防龋功能有着促进作用。一些研究发现,牙釉质的龋齿是从表面以下开始的。在酸的作用下,一般由表面向内部溶解,进而发生脱矿,同时,矿化最终会形成牙釉质完整表面和表面下龋齿的特殊病理损伤状态。这种损伤可以通过添加适量的氟化物来纠正。

1.1.3.4　氟对造血功能的影响

当氟元素没有达到正常标准时,可能产生动物造血功能的障碍问题。动物缺氟的主要表现为小细胞性贫血,这种贫血可以通过补充铁元素进行缓解。相对而言,如果出现铁的临界量原因导致小细胞性贫血也可以通过添加适量的氟来解决。此外,氟碳化合物还可以代替天然血作为人工血用于抢救病人,挽救了许多人的生命。

1.1.3.5　氟对神经系统的作用

氟对神经系统兴奋功能的影响主要表现在某些酶作用的方面上。氟对部分酶的活性有影响作用,尤其是烯醇化酶,其在碳水化合物的新陈代谢和促进磷酸甘油酸转化为磷酸丙酮酸中有着重要作用。氟能降低胆碱酯酶的活性,减缓乙酰胆碱在体内的分解,增加乙酰胆碱的含量,从而促进神经的兴奋性和传导性的改善。同时,氟化物也能阻碍三磷酸腺苷的分解,从而提高三磷酸腺苷的含量。这样能够增加肌肉对乙酰胆碱的敏感度,提升神经肌肉接头处的兴奋传导,改善神经传导的兴奋性。研究表明,氟能明显增强试验鼠红细胞超氧化物歧化酶(SOD)的活性,减少血清脂质过氧化物含量。氟的适量摄入将会提高机体的抗氧化能力,降低衰老色素(又称为脂褐素)的形成与积累,对于抗衰老具有积极的帮助作用。

1.1.3.6 氟对脂质代谢的影响

摄入适量的氟将对人体脂质代谢有着良好的影响。研究结果表明,饲喂高氟饲料可降低动物对脂肪和类脂的吸收。当十二指肠中氟适量时,可阻止十二指肠中脂质的吸收和游离脂肪酸通过上皮细胞的再脂肪化,同时不影响葡萄糖的吸收。

1.1.4 地氟病成因类型

地氟病是一种广泛存在的地方性疾病,对我国的影响非常大。根据初步统计,我国流行的各类地方病中,全国氟斑牙患者 38 77 万人,氟骨症患者 284 万人。地氟病的发生与自然环境中富含氟元素密切相关。因此,疾病的分布范围基本上反映了氟元素富集地区的分布情况,而病区居民的患病率和致残率则主要反映了环境中氟元素含量。我国地氟病的主要成因类型大体有以下几种。

1.1.4.1 干旱半干旱区盐渍堆积类型

富氟盐渍化区是我国主要的地氟病类型,广泛分布在我国东北、西北和华北各省(区、市)的平原、盆地、谷底。病区范围广,连片分布。这里降水少,气候干燥,蒸发强烈,氟的迁移能力弱,浅层地下水中氟含量高,饮水氟含量高为主要致病因素。

1.1.4.2 富氟温泉的成因类型

我国有大量的高氟温泉的存在并且广泛分布,温泉区内的居民因饮用温泉而致病。病区多呈点状分散分布。在浙江、福建、广东一带有较密的温泉点,组成条带状(由多温泉病点组合成病带)分布在我国东南丘陵区内,以岩浆岩出露为其地质背景,病区范围小,云南省 EY 地区属于此类型。

1.1.4.3 室内燃煤氟污染成因类型

在 20 世纪 70 年代湖北省首次发现燃煤型氟中毒,是我国特有的地方性氟中毒现象。它的发现是中国学者对国际氟与健康研究的重要贡献。这类地方性氟中毒源于高氟煤球在露天炉灶和无烟烟囱中燃烧造成的室内氟污染,进而污染室内食物、蔬菜和饮用水,造成氟摄入过量和中毒。

地氟病主要由于当地含有高氟煤层,居民生活方式落后,在室内燃烧含氟较高的黏土混合煤取暖和烘烤粮食,以致室内空气中氟含量大大提高,进而使被烘烤的食物大量吸附氟,粮食的氟含量大大增高,使居民患此病。它主要分布在湖北恩施,重庆市涪陵区、彭水,陕西安康和贵州等地,这些地区多为中山区,居民生活贫困,是一种特殊污染类型的病区。

1985 年以来,政府大力推进病区炉灶的改造工程,在一定程度上抑制了氟中毒的病发和病情恶化,但防治效果并不理想。不管是室内还是室外,都是人们的日常生活环境,将煤烟排到房屋外,室外大气质量就会下降。在山谷地带的住宅区域,高浓度含氟烟尘受地形影响,扩散作用微弱。尤其是在有逆温现象的情况下,烟尘等污染物不断累积,空气中的氟很快就会达到有害浓度。研究证明,燃煤型地方性氟中毒病区的室外氟浓度达到50%,远超大气的卫生标准。毋庸置疑,被氟污染的大气将会被人体直接吸收,同时,还将会通过农作物吸收再通过食物链进入到人体中,进而产生健康问题。

1.1.4.4　饮茶成因类型

茶叶是含氟高的植物,我国部分居民嗜饮浓茶,以致患病。

1.1.4.5　工业氟污染区

我国有大量排氟工业的存在,如磷肥、炼钢、炼铝、陶瓷、玻璃、氟酸盐等工业都会对周围环境造成氟污染,以致工厂(或工业区)周围居民出现氟斑牙等症状,形成病区,此类型的病区遍布全国各地,以我国包头地区为典型。

除以上所述我国氟病区的成因外,还有富矿石和矿床成因类型、滨海湖富氟成因类型、火山活动区成因类型、食用高氟盐成因类型和使用海产品成因类型。如今,全球范围内七成的疾病和四成的死亡都与环境影响有关联。原发环境异常引起的地方病普遍存在,饮水型氟中毒就是其中之一。氟是生物体必需的微量元素,有着极为重要的作用,同时,氟也是化学性质最活跃、电负性最强的非金属元素。几乎所有的元素都可以与它相互作用。

20世纪初,意大利的维苏威火山区域在全球范围内第一次发现斑釉病,这种病常被称为"家结牙"。丘吉尔·莫勒等整理出瑞典冰晶石厂的工人得工业性氟骨症的报告。直到20世纪30年代,人们才逐渐认识到这是一种中毒,是人体摄入过量的氟而导致的慢性中毒,是一种典型的地方性疾病,我国称为德州牙,日本称为ASU火山病,北非称为Dalms病。摩洛哥后来也证实,当地的地方性氟中毒是一种人畜引起的慢性氟中毒疾病。氟对人体有害,有时甚至致命。例如:1930年,比利时的过磷酸钙工厂因排放HF气体导致60名市民中毒死亡。有人认为氟化物应该对1952年伦敦那场著名的烟雾事故负主要责任。20世纪70年代以来,氟中毒的发病机制受到了国内外学者的广泛深入研究。研究得出,氟与钙、磷有着强大的亲和力,过量的氟会严重影响人体和动物体中钙、磷的正常代谢作用。过量的氟化物进入到人体中,血液中的钙会与其进行结合,形成不可溶氟化物,不可溶氟化物中的大部分会沉积在骨骼组织中,一小部分会沉积在骨骼和软组织周围,从而形成氟骨症。氟骨症是氟中毒的主要症状。高氟对骨强度的影响更为复杂。Faccinir认为,骨质疏松症是由氟刺激的甲状腺激素分泌引起的。骨硬化的主要原因是甲状腺激素的分泌不足,从而引起含氟骨吸收。氟离子引起牙菌斑釉质形成的机制会影响釉质核晶体的形成。同时,氟中毒对内分泌和激素含量有显著影响。Hillman(1978,1979)发现甲状腺功能在严重慢性氟中毒中受到抑制。氟中毒也会导致肾上腺素功能紊乱。

此外,氟中毒还会影响酶活性,干扰和损害蛋白质、糖和脂肪代谢、肾功能、造血功能和免疫功能。在此领域,国内外学者如Joly、Lusunlin等也做了很多的研究。通过昆都、威尔克、王伟子等的研究,证明过量氟对土壤微生物和植物有一定的毒性作用。氟中毒与肿瘤的关系是当前研究的热点问题,也有一些间接证据。地方性氟中毒是长期过量摄入氟所致。20世纪70年代以来,国内外学者对氟化物的生物毒性机制以及氟对粮食作物和植物的生长、毒性或致死限浓度等问题越来越重视。氟是氟中毒、氟骨症和骨质疏松症的病因。氟在人体各器官和组织中可能与饮用水和食物一起累积,但在人体不同部位氟的有害浓度不同。氟主要聚集在人体骨组织中,也分布在各种器官和腺体中。

1971 年,世界卫生组织发布了第 59 号"氟与人体健康"系列报告,大范围指出了过去氟危害人体健康的现象,并制定了《国际饮用水含氟标准》。我国还制定了饮用水氟含量和废水氟含量的国家标准。此次所研究的区域为 EY 县,属于温泉水氟中毒类型。EY 县位于云南省西北部、大理白族自治州北部。当地地方性氟中毒很早就引起各部门重视,1983 年和 1987 年两次进行地方性氟中毒(地氟病)流行病学调查。2003 年 6~7 月,云南省的地、县级防疫人员对 EY 县的 4 个乡(镇)26 个自然村进行了全面的地氟病流行病学现况调查,并采取了改水措施,对当地地氟病的控制和预防有了显著的成果,但是仍然没有得到彻底解决。因此,进一步调查影响其氟中毒的致病因子,是解决该地区氟中毒问题的关键。

1.2　国内外研究现状

氟在自然环境中广泛分布,在各个环境要素之间的分布很不平衡(见表 1-1),大体上呈现以下的变化规律:岩石圈>土壤>活质(生物有机体)>水圈>大气。氟是一种敏感的元素,也是人体必需的元素,平均含量在 70 μg/g,但安全阈值很窄,致使超出和低于人的正常需要量,均会对人体产生危害,因而人体活动与氟的平衡在自然条件下是很容易被破坏的、脆弱的。

表 1-1　氟在各个介质中的主要赋存形态

介质	岩石圈	土壤	大气	水圈			活质		
				海水	地表水	地下水	植物	动物	人体
F/(μg/g)	600~800	200	—	1~12	0.2~5.0	3.0~5.0	40	3.0	3.5
赋存形态	各种氟化矿物	吸附氟离子、固态氟化物、氟矿石颗粒	气态氟化物、挥发性氟化物、粉尘	游离态氟离子、氟的络离子			氟化磷酸钙、氟化钙、有机氟化物		

氟中毒即是在特定的环境条件下,过量的氟进入到人体中,会引起的一种疾病。氟中毒对人体的危害是全身性的,主要影响骨骼、牙齿等硬组织,引起氟斑牙和氟骨症等症状。并且,它也会影响软组织,对泌尿系统、内分泌系统、肌肉和神经造成危害,并影响部分酶的新陈代谢作用。但氟的缺乏又会引起龋齿、骨质疏松等病症。环境中的氟主要通过空气、饮水和食物进入人体。而空气中的氟对人体的影响只有在空气污染严重地区、火山喷发等特殊的情况下作用才会表现明显。而食物进入人体的氟量远不如通过饮水,正常人体从饮水和食物中摄取的氟 3.0~4.5 mg/d,其中 70%~80% 来自于饮用水。机体对饮水中的氟吸收率可达 90%,而对植物中的氟的吸收率则较低。因此,饮水中的氟成为人体中氟的主要来源,超过 1.5 μg/mL 的饮水氟含量会对人体造成危害,而低于 0.5 μg/mL 的

饮水氟含量,则不能满足人体对氟的需要。

氟在各个水体中的分配也是很不均匀的,不仅不同区域不同水体之间氟的分配差异很大,就是在同种水体内部由于存在环境不同,也有明显差异。正常情况下,海洋中的水氟含量的变化幅度控制在1个数量级以内。而陆地水(主要指河水、湖水、地下水)其区域差异非常显著,一般可差2~4个数量级,极端情况可达78个数量级。其中,河水中氟的含量最低,较海水低1~2个数量级。陈国阶提出:一般来说,陆地水中氟含量异常高值都发生在地下水中。因此,从人体健康的角度来看,对地下水中的氟的研究成为重要而又热门的领域。

国际上对水中的氟特别是对地下水氟引起的地氟病进行了广泛的研究,对其来源、含量及其赋存形式、水中氟的含量与迁移和地下水的水文地球化学环境的关系、饮水标准中氟的含量、气候的关系的研究;对高氟地下水的分布与人体健康的关系进行了研究;研究了地下水中氟的含量与井的深度、地质构造、氟矿物的有效性和溶解度、水流的速度、温度、pH值等有关因素;还研究了与水中的钙和重碳酸盐离子的浓度关系,不同的矿物质对氟的吸收能力,不同地区的食物、饮食习惯与氟的关系等。

我国学者在20世纪60年代对氟在地理环境中的分布有了更多的研究。一些学者翻译了国外相关的研究著作。20世纪70年代,我国学者对环境中的氟做了地球化学与地理分布方面的研究,更多的是研究氟对植物、土壤的污染及其之间相互的影响研究,并且逐步涉及对人体健康的影响研究,从20世纪70年代后期到80年代,国内对环境氟的研究获得了巨大的发展,许多研究者结合我国的具体情况进行了卓有成效的探索与研究,并使我国对环境中的氟研究进入到了国际先进行列。对环境中氟的研究不仅在地球化学方面,而且在植物、土壤以及对人体的影响方面都做了研究。20世纪90年代以来,开展氟在介质中各赋存形态、迁移及其对人体健康影响研究(见表1-1、图1-1、表1-2);对地下水中氟的水文地质、水文地球化学(包括氟的环境化学特征、赋存形式、迁移),以及对植物、土壤、水体、大气、动物和人体健康的影响做了更多的探索,并取得了明显的进展。近年来,主要研究成果包括:李文华、王五一对饮水氟中毒病区区域的氟环境计量、效应及安全阈值进行了研究;胡忠毅等对陕西省离柳区生态地球化学环境中的氟与人群健康关系进行了研究;国家自然科学基金研究专著成果《地方性氟中毒发病机制》;谭建安等的《地球环境与健康》研究。

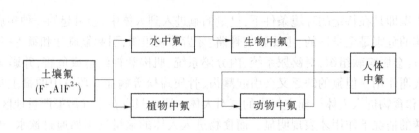

图1-1 土壤氟进入生物界途径的示意图

表 1-2　WHO 推荐的饮用水氟化物推荐控制限度

年平均最高气温／℃	氟化物推荐控制限度(以 F 计)／(μg/mL)	
	下限	上限
10.0~12.0	0.9	1.7
12.1~14.6	0.8	1.5
14.7~17.6	0.8	1.3
17.7~21.4	0.7	1.2
21.5~26.2	0.7	1.0
26.3~32.6	0.6	0.8

1.3　本次研究的主要内容

1.3.1　EY 地区氟中毒研究

大理 EY 县有很多温泉,不仅数量多,而且分布广,离居民点非常近,由于使用方便,一直是当地居民的主要生活用水,其中氟含量相当高,对当地生物环境影响很大。2003年,由云南省、大理市、EY 县防疫人员对 EY 县 4 个乡(镇)26 个自然村进行了地氟病的调查和改水;2004 年,云南省地方病防治所、大理州疾控中心联合对当地氟中毒流行病区进行了调查,并提出了一些防治方案;但都未能彻底解决当地地氟病问题,为了弥补这一不足,本次研究的主要内容如下。

1.3.1.1　大理 EY 县关于氟中毒流行病区的调查

系统分析和总结以往研究者及环境防疫部门所做的流行病学调查资料,并在氟中毒流行病区进行实地调查,收集第一手材料,结合当地居民的生活方式,确定该氟中毒地区的高氟环境特性。

1.3.1.2　大理 EY 县温泉水及其他介质中的氟特征

测定温泉水、土壤、粮食及其他介质中的氟含量,把得出的结果和国家标准进行对比,总结得出 EY 县氟中毒地区环境中的氟特征。

1.3.1.3　大理 EY 县各种介质中的氟对人体的影响

通过得出大理 EY 县整体环境氟含量特征,并根据温泉水的分布及对周围环境样品中氟含量的分析,确定该地区高氟环境特性,并分析该地区地方性氟中毒的关键致病因子和致病途径。

1.3.1.4　对 EY 县高氟温泉水的除氟、降氟的研究

基于以上结果,探讨降低当地温泉水中的氟含量的有效措施,参阅国内外除氟、降氟的方法,寻找 EY 县高温温泉水除氟、降氟最有效与最经济的方法,将研究出的除氟、降氟方法向当地政府推荐。

1.3.2　XC 地区氟中毒研究

河南省 XC 市饮水型地方性氟中毒流行的地区,所辖的地区几乎均有病区村的存在,主要集中在 YL 县、CG 市、JA 区以及 WD 区等地。20 世纪 80 年代以来,河南省地质环境监测院、XC 市疾控中心陆续对本地区氟中毒现象进行调查,政府还投入大量资金,实施以改水降氟为主要方法的病区防治措施,但因群众对氟中毒的危害以及防治了解甚少,亲身投入到防病工作较少,导致改水工程受损严重,甚至一些工程完工后,由于人们不愿缴纳管理费用而长期废弃。虽然地氟病防治工作已经取得了很大的成绩,但防治工作仍然面临着严峻的形势,在此基础上,本次对 XC 地区氟中毒地区现状进行调查,主要包括以下内容。

1.3.2.1　XC 市氟中毒地区改水降氟现状调查

本次工程调查一方面查阅以往有关本地改水工程的资料,为本次调查提供依据并与本次调查结果进行对比分析;另一方面采取重点地区实地调查的方式对氟病区改水降氟工程进行调查。根据文献资料和咨询 XC 市疾控中心地方病防治科等部门将调查地点确定为:JA 区陈曹乡、邓庄乡塔东与塔北村,YL 县马栏乡、南坞乡,长葛市古桥镇、南席乡。同时在每个乡镇调查区选取 15 户左右进行走访,调查改水后饮水群体对水源对象的选择。工程调查内容包括:本地改水降氟工程运行状况、工程建设时间、水源类型、储水方式、井深、井壁材料、输水管线材料、运行状况、水质监测周期、工程管理模式。在调查工程的同时,还收集有关在新型农村饮水安全工程建设前的改水状况,并与河南省整体情况进行对比,了解 XC 市改水状况在全省范围内所处的水平。

1.3.2.2　XC 市不同区域水体氟含量特征

为了保障居民的身体健康,迫切需要对 XC 市区地下水的氟含量进行检测并提出相应的改水措施。需要注意的是,由于 2014 年 XC 市的南水北调工程已开通,所以 XC 市区大部分的饮用水来源是南水北调的水,但在 XC 市区的部分城中村和周围大部分农村依然将地下水作为生活饮用水。因此,本书的研究结论对 XC 市区依旧使用地下水作为生活饮用水的居民提供了相应的数据指导。2016 年 3 月 9~13 日,在 XC 市区进行采样,对研究区进行分区,分为北、西、中、西南、东南 5 区,每区进行 3~5 个采样,共设置 20 个采样点。采样点分别位于 XC 市区的半截河乡、文峰街道、丁庄街道、西大街街道、高桥营街道、七里店街道、XC 市经济技术开发区 7 个街道办事处,在焦庄、申庄板桥村、孙庄村等20 个地点进行采样,需要对 XC 市不同地点的地下水氟含量特征进行调查研究,为 XC 市地下水氟含量特征及防治的深入研究提供理论上的支撑。

1.3.2.3　YZH 市方山铝土矿区地下水氟含量特征及控制

基于 YZH 市方山铝土矿区地下水氟含量特征,方山矿区矿产资源蕴藏丰富,以煤炭、铝矾土、石灰石为主,另有石英石、铁矿、陶土等矿藏。矿区巨大的开发价值,使得矿场如雨后春笋般出现。一方面矿区开发促进了当地经济的迅速发展,另一方面矿区的过度开发导致当地生活环境严重污染。以禹州市方山铝土矿区为研究对象,通过对方山铝土矿分布区、工矿用水分布区、居民用水、畜牧灌溉用水分析以及附近环境状况共确定 30 个采样地点。采用氟离子选择电极法对样品进行测定。测量氟离子含量、pH 值 2 项参照指标,得出结果后,运用单因子指数法,根据《生活饮用水卫生标准》(GB 5749—2022)作为参照标准,对测定结果进行分析与评价。

1.3.2.4 针对 YL 县高氟地下水除氟研究

针对鄢陵县高氟地下水,采用民众操作性强、经济适用的活性炭作为除氟试剂,寻求除氟最佳效果及试验方法,在不改变活性炭粒径与静置时间的情况下,改变活性炭的质量;在不改变活性炭粒径与质量的情况下,改变活性炭的静置时间;在不改变活性炭质量与静置时间的情况下,改变活性炭的粒径,探寻最佳除氟途径。

1.3.2.5 针对 YZH 市方山铝土矿区高氟地下水除氟研究

禹州市方山铝土矿区高氟地下水采用活性炭颗粒作为除氟试剂,寻求除氟最佳效果。当室温稳定的情况下,改变活性炭颗粒,可测定氟含量;当除氟剂量不变,在室温稳定的情况下,加入标准活性炭颗粒 5 g,改变静置时间,测定氟含量;当除氟剂量不变的情况下,加入活性炭颗粒 5 g,改变温度测定氟含量。

1.3.2.6 针对 XC 市区高氟地下水除氟研究

本部分针对 XC 市区高氟地下水除氟研究,选取黏土作为除氟试剂,设计不同变量试验,研究黏土在不同变量下除氟的最佳条件。黏土可称为天然纳米试剂,因为黏土颗粒细,所以该吸附剂的比表面积比较大,并且黏土容易改性,综合以上优点,可以将黏土作为除氟质料的基体,设置不同的变量进行除氟功能试验的设计。

1.4 主要研究方法和技术路线

1.4.1 主要研究方法

1.4.1.1 文献调查法

调查和收集 EY 地区氟斑牙发病率、氟斑牙缺损率、氟骨症发病率等指示和资料,将大理 EY 地区的地方性氟中毒流行区域和当地温泉水及其他介质中的氟含量联系起来,并参照氟对人体的毒性作用,进一步确定氟污染的重要影响因子。

调查 XC 4 个市(县)的改水降氟工程的概况,阅读大量文献,了解氟研究的国内外进展,掌握 XC 市区浅层水中氟含量的大致状况,尤其是对氟的含量状况的调查和降氟、除氟方法的选择,为研究分析提供一定的依据,并借鉴国内外学者总结的经验和方法进行研究。

1.4.1.2 野外调查法

实地调查两个研究区域的改水降氟工程,从工程质量、管理水平方面得到城乡间工程差距。采用简单随机抽样调查与分层抽样相结合,先根据两个区域工程数量比例确定抽样数量,然后在两个地区分别进行随机抽样。同时在采样区确定采样点,每个采样点取两个水样,其中一瓶作为平行样。

1.4.1.3 室内实验室分析法

有关水氟含量分析方法有直接和间接两种,其中间接的分光光度法准确度更高。但对仪器要求和研究人员技术要求比较高。为了研究的方便和保证数据的科学准确,采用使用众多的离子选择电极法开展饮用水氟含量分析。

　　制备有充分代表性的样品(包括温泉水、土壤、粮食和蔬菜等),用高温水解-离子选择电极法测试样品中的氟含量。选用黏土、活性炭等物质开展控氟试验,同样用氟离子选择电极法测量水中氟的含量。

1.4.2　技术路线

　　技术路线见图1-2。

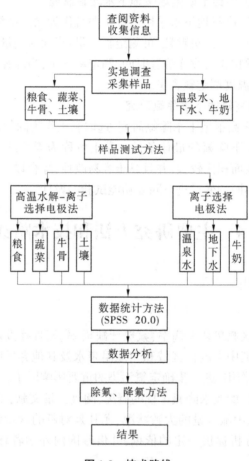

图1-2　技术路线

第 2 章　氟在自然界中的分布及对机体的作用

2.1　氟在自然界中的分布

2.1.1　氟的物理化学性质

氟元素位于周期表ⅦA 族第二周期,是自然界非金属性最强的元素(见图 2-1)。卤族与同周期元素相比较原子半径小,有较大的电负性,F 的电负性最大,因此 F 有最强的氧化性,易获得电子成为稳定的结构,呈 F^-。环境中的氟具有亲石性、溶解性、络合性、吸着性等环境化学特性。

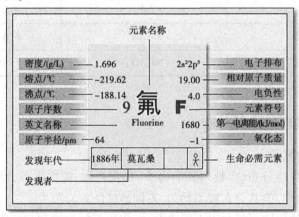

图 2-1　氟元素特征

氟是一种典型的负电元素,是最活跃的非金属元素,氧化能力强。氟能够直接或间接地与其他大多数元素结合并形成相应的氟化物。

氟元素以无机氟化物为主要的形式留存在自然界中。氟的存在形式多种多样,约有 110 种,其他还有氟的无机硫化物、含氟的铵化合物、氟硅酸及其盐类、氟与钠的化合物、氟化铝和过氯酰氟等。

有机氟化物除少量存在于自然界外,大部分由人工合成,主要有氟代羟类、氟代环羟基类、氟代羧酸类、氟代乙酸酯类等。其中,氟氯甲烷、氟氯乙烷等为稳定无毒气体或低沸点液体,曾广泛应用为制冷剂。氟的化合物大多数非常稳定,而有的化合物则有挥发性,如氟化氢。几乎所有的氟化物都能溶解,但溶解度差别很大。由于氟化合物的溶解性,氟广泛分布于土壤、矿物、水、大气、动植物中。

在酸性介质中,氟与钛、锆、铝等多价阳离子形成 ZrF^{3+} 合物。在碱性介质中,氟以阴离子(F⁻)的形式存在。绝大多数的无机氟都能溶于水且有较高的熔点和沸点。表 2-1 是几种氟化物的溶解度。

表 2-1　几种氟化物的溶解度

氟化物的名称	分子式	溶解度/($\mu g/mL$)
氟化钙	CaF_2	40(18 ℃)
氟化铅	PbF_2	660(18 ℃)
氟化锶	SrF_2	390(18 ℃)
氟化铜	CuF_2	750(18 ℃)
氟化铁	FeF_2	910(18 ℃)
氟化铝	AlF_2	5 590(18 ℃)
氟化钠	NaF_2	40 540~42 100(25 ℃)
氟化镁	MgF_2	130(18 ℃)
氟化锌	ZnF_2	15 160(18 ℃)
合成冰晶石	Na_3AlF_6	610~630(25 ℃)
天然冰晶石	Na_3AlF_6	390(25 ℃)

2.1.2　氟在自然环境中的分布

2.1.2.1　地壳中的氟

自然界中的氟广泛分布,多数与其他物质(如化合物、矿物质等)结合牢固,广泛存在于水体、土壤和大气中,但其分布极不均匀,不同地区的差异很大。

造成这种差异的原因可能与以下因素有关:①岩石的淋溶和溶解作用;②蒸发引起的浓缩作用;③离子吸附和交换作用;④火山爆发及人类社会活动的影响。地球表面含有大量的含氟化合物,岩石和土壤中的氟通常与多种矿物质结合存在。如火山尘埃、风化岩石、工业造铝用的冰晶石及制造化肥用的含磷岩石中氟含量很高,可达 4.2%左右。成因不同的岩石,氟含量不等,即使是成因相同的岩石,由于成岩时环境条件不同,其含量也有明显的差异,如火成岩和沉积岩氟含量不同。岩石经过风化、剥蚀、搬运、沉积等过程而使氟发生地理迁移;不同种类的岩石和矿物抗风化能力不同,决定了岩石中氟迁移的内在差异。岩石中的氟直接进入生物体的数量是极有限的,土壤是岩石中的氟和生物界发生联系的纽带。

氟是自然界固有的化学物质,也是地球表面分布较广的元素之一。生物圈中的氟主要来自地球。地球内层为地核,中间为地幔,外层为地壳。火山活动、地震以及地球内部构造运动,对地壳中氟的空间分布具有很大的影响。氟的化学特性与不同地质运动(包括岩浆活动、热液作用、变质作用、风化以及沉积作用)联系密切,以不同形式存在于地壳的矿石、岩石之中。氟的成矿能力很强,地壳中含氟的矿物已知的高达100多种。地壳中的岩石都含有一定量的氟,不同的岩石氟含量有很大的差别。

2.1.2.2　大气中的氟

大气中广泛分布着氟化物,这些氟化物来自含氟土壤的尘埃、工业废气、居民区中的煤烟和火山喷发的气体。氟化物的这些来源都可以导致降水中的氟化物水平的升高。在居民生活区,空气中的氟化物主要来源于烟煤。

在自然条件下,一般大气中的氟含量很低,为$0.01 \sim 0.4~\mu g/m^3$。根据国外资料报道,氟含量低的为$0.017~\mu g/m^3$,高的也仅有$0.51 \sim 0.68~\mu g/m^3$。根据美国卫生部门的报道,空气中的氟含量平均为$0.084 \sim 0.40~\mu g/m^3$。自然状态下的大气中含氟粉尘主要是氟硅酸钾和氟硅酸钠。在某些自然因素及人类活动中,均可使空气中的氟含量增高。大气中的氟化物存在形式,以其来源不同而不同,主要是HF、SiF_4、K_2SiF_6和含氟粉尘。大气中氟的分布除具有水平方向的地带性和非地带性地域差异外,在垂直方向上也随高度的变化而表现出浓度分布不均。一般来说,接近地面的低层大气由于人工氟源的影响,浓度常较高,而越往高处,由于粒子态氟和其他一些氟化物的沉降作用,浓度常较低,且多是气态氟化物。

大多数情况下,大气氟污染主要是因为人类的活动。在工业生产过程中,尤其是含氟的工业部门,比如炼铝工业、钢铁工业、磷肥制造业、陶瓷、玻璃、水泥、有机氟农药企业等均排出大量的氟化物,使局部空气中的氟含量增高。人们在日常生活中燃烧氟含量高的燃料(煤、黏土、油等),也可使局部生活环境的空气遭受严重污染。我国的卫生标准规定:居住区大气一次采样监测氟含量不得超过$0.02~mg/m^3$,日平均氟含量不得超过$0.007~mg/m^3$。

2.1.2.3　水中的氟

地球的水体中97%以上是海洋水,海水中氟的平均含量约$1.3~mg/L$,可以认为是水圈中氟的近似克拉克值。天然水体中氟化物的浓度波动较大,不仅不同区域、不同水体之间氟的分配差异很大,而且同种水体内部由于存在环境不同也有明显差异。一般来说,海水中氟的含量变化较为稳定,一般为$0.1 \sim 1.4~mg/L$。据北大西洋152个海水样品分析结果显示,氟的含量随深度而增加,并与盐度成反比。海水中氟的平均含量比河水中的高,因此海生动物的牙齿、骨骼中氟的含量比陆生动物的高。

雨水中经常含有少量氟。在近海地区,由于风携带小滴海水到大陆地区,日本雨水中氟含量达$0.089~mg/L$,美国雨水中氟含量为$0 \sim 0.004~mg/L$;在工业发达地区,氟的含量升高达$1~mg/L$(平均为$0.29~mg/L$)。

陆地不同水体(包括河水、湖水、地下水)氟含量的地区差异非常显著,其中河水中氟的克拉克值最低,世界各地河流中氟的含量为$0.14 \sim 0.35~mg/L$,平均值约为$0.2~mg/L$,我国南方的河水氟含量大多数为$0.2 \sim 0.4~mg/L$。不同类型岩石所在地区的地表水氟含量统计结果表明:花岗岩和偏碱性岩石分布地区的地表水氟含量较高,而玄武岩和石灰岩分布地区地表水氟含量较低。花岗岩广布地区地表水的氟含量为$0.9 \sim 1.4~mg/L$,石灰岩广布地区的氟含量为$0.128~mg/L$。湖泊中氟的含量较河水中的高,而内陆湖中氟的含量则更高,有时可形成氟盐(MgF_2及KBF_4)。

地下水的氟含量变化较大。一般来说,陆地水中出现氟含量异常高值的情形都在地下水中。根据研究数据,地下水中的氟含量存在明显的差异。经过石灰岩、白云岩、页岩和黏土过滤的地下水,氟含量一般为 0~0.4 mg/L。相比之下,碱性岩石过滤的地下水平均氟含量为 8.7 mg/L,而花岗岩过滤的地下水氟含量约为 9.2 mg/L。经过玄武岩过滤的地下水中的氟含量非常低,仅为 0.1 mg/L。不同地区地下水的氟含量存在较大差异,如我国南方浅层地下水氟含量比较低,大部分地区在 10 mg/L 以下,一般为 0~0.4 mg/L。我国干旱和半干旱富氟盐渍土病区,浅层地下水氟含量较高,深层地下水氟含量较低。

温泉水的氟含量普遍都较高。在我国,温泉分布极广,如广东某县 17 个温泉氟含量为 4.8~26.0 mg/L,湖北某县城郊温泉氟含量为 4.0 mg/L,辽宁某县沟汤温泉氟含量为 17.0 mg/L,内蒙古某市的 3 个温泉氟含量达 4.0~16.0 mg/L,但地表水和地下水氟含量的影响因素较多,其中与水接触的氟矿物的数量和溶解性是主要影响因素。诸多含氟矿物的溶解度较低,且部分受含氟矿物母岩溶解度的影响。另外,还有许多因素对单个地面或地下水的氟含量起着重要作用,囊括岩土的渗透性、水流速度,岩和水相互作用的温度,水中 H^+ 的浓度和水中 Ca^{2+} 的浓度等。碱性水和高温水的氟含量也很高,如火山活动区的水氟含量很高。此时,控制水中氟浓度的矿物可能是氟化钙。常温下,该矿物的溶解度为 15 μg/g。

2.1.2.4　土壤中的氟

土壤中的氟来源:首先,地壳表层岩石中的氟随岩石风化和淋溶进入土壤。其次,火山喷发排出的 HF、SiF_4、K_2SiF_6、CaF_2 等粉尘落入土壤中;最后,流经富矿层的地下水,尤其是温泉水将氟带到地表。土壤氟含量受两种因素制约:一是受母岩和母质,这是土壤氟的原生来源,是决定土壤氟含量的根本因素;二是成土过程的特征,它是决定土壤氟的次生活性的关键因素。土壤氟的背景与土壤的地球化学类型密切相关。由富钙土壤地球化学中栗钙土、黑钙土、黄土母质上发育的土壤,富铁土壤,地球化学环境中的火山岩,砂性花岗岩风化物发育的土壤,都是富氟土壤。火山爆发和地震也会导致土壤氟含量升高。

2.2　氟在机体中的分布

自然界广泛分布着氟及其化合物,很容易被机体摄取吸收,人和各种动物体内的各类组织中都可以检测到氟的存在,只是因为氟对不同组织的"亲和力"不同。因此,不同的组织氟含量差别很大。吸收后进入血液的氟可以被输送到身体的各个部位,主要是储留在硬组织中。机体吸收的氟化物即使是很少的量,也将有 50% 左右被硬组织储留,剩下的大部分很快由尿氟排除。骨骼内积淀的氟含量占机体总氟量的 90% 以上,机体内各种软组织集体氟含量也都很低。这都和氟的生理功能以及它与钙、磷有较大的"亲和力"有关系。

2.2.1　软组织中的氟

正常情况下,机体的各种软组织都含有氟,但含量不高,变动范围不大。软组织也可以积聚氟化物,异位钙化也可能发生。氟进入血液,间质液先被血液扩散,然后迅速穿透细胞,扩散到细胞内环境,有的处于游离状态,有的处于组合状态。据报道,正常人体的新鲜软组织氟含量范围一般为 0.5~1.0 μg/g,在一定的范围内,水氟浓度含量增加,各脏器的氟含量并不增加,只有当人或动物摄入致死量的氟化物时,才可见到软组织的氟含量明显增高。氟在各种软组织的蓄积,以皮肤中的氟含量最高,为 3~50 μg/g。

2.2.2 硬组织中的氟

人类和动物在正常情况下,机体中氟的含量最多的部位是骨骼和牙齿,其次是一些由外胚层形成的组织(如上皮、毛发和指甲等)。它们共同的特点是较为坚固,但新陈代谢比骨组织弱。正常人体骨骼和地方性氟中毒病人尸骨氟含量见表 2-2。

表 2-2 正常人体骨骼和地方性氟中毒病人尸骨氟含量 单位:μg/g

部位	正常	氟中毒
颅骨	1 150	7 800
髂骨翼	810	7 000
肋骨	1 010	7 000
桡骨	2 950	7 100
胫骨	730	8 200

2.2.2.1 氟在骨中的蓄积

氟主要沉积在骨组织的松质骨的部位中。正常人骨中的氟存积量一般为 200~300 μg/g,最高可达 800 μg/g 以上。在一些氟中毒区域,当地居民的骨内氟含量可达 1 000 μg/g,有的甚至高达 22 000 μg/g。即使是在同一结构的组织中,因矿化阶段以及其他一些条件不同,氟的分布也是不均匀的。骨组织内不同的部位,氟含量也相差很多。骨中氟的分布同骨内生理活跃区分布相一致,如松质骨氟含量常常比密质骨高;生理活性高的骨表面较其内部更容易吸收氟。

2.2.2.2 氟在牙齿中的蓄积

氟化物在牙齿中的累积量与骨中相似或略低,氟在成牙期、矿化期和矿化后期均有分布且都可以进入牙组织。而发育结束、矿化完全的牙组织内部,几乎再无吸收氟的能力。氟只能靠有限的渗透作用,结合人牙组织的内外表面,形成牙组织中极不均匀的氟分布状态,成熟牙釉质中氟含量较低。一个人的牙齿中,牙本质的氟含量是骨骼中氟含量的 2 倍,而牙釉质中的氟含量则是牙本质中的氟含量的 2~3 倍。在牙髓方面,氟浓度在牙齿表面最高,并随着向外层延伸逐渐降低,牙齿外层的氟浓度甚至可以比内层高出 5~10 倍。因此,通过测量失去的牙本质中的氟含量,可以间接计算牙齿中的氟含量,如表 2-3 所示。

表 2-3　骨骼、牙齿等组织中的氟含量　　　　　　单位：μg/g

骨骼	牙齿	指甲	毛发	上皮	皮肤	资料来源
100~1 600	—	80	53~150	146	16~19	哥耶特等（1913）
450	207	75.4	52.8	—	3.95	嘎鲍维奇（1950）

2.2.3　体液中的氟

2.2.3.1　血液中的氟

一般情况下，经过消化道或其他途径吸收的氟化物，首先进入血液，然后迅速输送至全身，血液中仅留下很小的一部分。血液中的氟在细胞与血浆中是不稳定和均匀的，血浆中的氟含量占 3/4，另外的 1/4 在血细胞中。此外，氟在血浆中的含量稳定性要远胜于其在血细胞内的含量稳定性。在血浆中，大致有 75% 的氟会与血浆蛋白融合，剩下的 25% 则会呈现一种游离状态。而只有处于游离状态的氟，才有可能与其他物质发生反应，结合状态的氟会不断释放游离态的氟，令其进入其他组织。当血液和细胞外液中的氟的含量下降时，组织中的氟才可以参与生理反应，并且不断释放结合状态的氟，令其进入其他组织。当血液及细胞外液中的氟降低时，组织中的氟还可以再释放到组织中。

目前，世界各地对水氟与血氟的关系研究比较多。低氟摄入的情况下，饮用水氟含量同全血氟含量为 10 倍的关系，随饮用水氟含量的增高，全血氟含量也有所增加。但对血氟与氟中毒临床中毒的反应的研究还很不充分。有些资料指出，只有血氟浓度达到 0.3 μg/mL 以上才能对机体内的酶的活性产生明显的破坏作用。根据国外某些资料报道，印度的地氟中毒严重的氟骨症病人的血氟含量平均为 1.5 μg/mL。

2.2.3.2　乳汁中的氟

一般情况下，人的乳汁中的氟含量，可以随乳汁排出体外。人的乳汁中氟含量的范围为 0.1~0.2 μg/mL。如果每天多摄入 5 mg 的氟，则可以使乳汁中氟含量增加 15%~40%。

2.2.3.3　脊髓液中的氟

这方面的资料比较少，国外学者曾测定了 29 位住院患者脑脊液中的氟化物的含量，平均值为 0.1 μg/mL 左右，比这些患者的平均血浆氟含量（0.23 μg/mL）稍低，这可能与氟很难进入到血脑屏障有关。

2.3　氟在环境中的迁移和循环

氟是自然界中最活泼的循环元素之一，几乎遍布于自然环境各组成要素中。一般认为，岩浆活动向地壳和大气中输送了大量的氟，星际中的宇宙尘埃和陨石中的氟也是地球上氟的来源。

火山喷发时带出大量的气态氟化物，散布于大气中，火山灰中的氟化物沉积在地壳表面进入土壤中。岩浆从地幔向上侵入时可将氟带至地壳浅部，形成各种氟矿石，并使侵入时形成的基岩中含有大量的氟,氟矿石和侵入岩周围的岩石也可受其影响而含有大量的氟,在长期的风化、淋溶过程中,喷溢的岩浆及含氟矿物中的部分氟可以分离出来,随风飘扬散布于大气之中,最终降落到地面进入土壤中或随地表水、地下水迁移。

大气中的氟元素既可被动植物直接吸收,也可以伴随雨、雪等沉降到地表,进入土壤之中,还可以通过地表水或地下水循环流动。土壤中所含的氟也可以受到风的影响进入大气中,也可被水淋溶,或是被动植物吸收,或再沉积于另一地方的土壤之中,还可随水流入大海。水中的氟有少量可以自然挥发,氟进入大气后,大部分被动植物吸收或是再沉积于土壤之中。动植物体内的氟,会随动植物死亡腐烂、分解后进入大气中,或沉积在土壤中,或随水流动。

氟的迁移可以分为主动与被动两种方式。主动迁移属于"内力"迁移,它是由氟本身所具有的地球化学特性决定的,比如氟的溶解与挥发;被动迁移是在外动力作用下发生的,比如由于气流运动、地表径流等因素驱动形成氟的迁移。主动迁移和被动迁移往往同时出现,如土壤侵蚀中的氟迁移。地理环境中的氟迁移是通过流态或流体介质即水和空气进行的。生物转移也是氟迁移过程的一个强大化学动力。氟在环境中的迁移受到地球化学类型、景观类型、地貌要素和气候要素的综合影响。

氟在自然界中的循环在各地质时期都在进行,而且在有陆地存在时不止一次地重复。图 2-2 是自然状态下氟的循环模式图,可以看出,自然界中氟的循环总过程是氟的地质大循环和生物小循环两过程的总和,地质大循环包含了生物小循环。两个循环以土壤为联结枢纽,换言之,土壤既是两个循环共同的中间介质,又是两个循环过程的有机联系和物质、能量交换的主要场所。此外,在两循环过程中,水的作用永远是最重要的因素,离开水,自然界中氟的每一个循环过程都不能存在和进行。

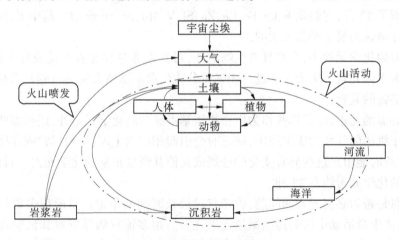

图 2-2　自然状态下氟的循环模式

氟在各个环境要素之间迁移循环往复。

科学技术发展到现在,氟在自然界中的循环越来越受到人类生活与生产活动的影响。近些年来,人们对基岩和沉积物中存在的氟进行大量的开采,氟作为工业生产活动中的原料,无疑加剧了自然界的风化作用,使地壳中储藏的大量氟进入循环活动。在不同的工业部门,很多生产过程中产生大量的含氟烟尘和气体进入到大气中,例如炼铝工业、钢铁工业、建材、玻璃、发电,以及农业必需品——农药和化肥的生产,有些厂矿排放的含氟废水未经完全处理而进入地表水。农业活动中使用肥料(包含磷酸盐、过磷酸钙等),最终导致大量的呈溶解状态的氟散布在地表面。有人认为,每年随肥料一起有几千万吨氟被带到地表面,这个数量在生物界氟循环的总平衡上有重大意义。

由于氟在自然界的循环特征及在生物界的迁移特点,以及人类活动对氟在生物圈循环的影响,使得氟对生物界的影响多种多样。

2.4 氟对机体的作用

人体在正常或非正常情况下,现已测出 81 种微量元素和宏量元素。世界卫生组织除对 14 种人体必需的微量元素(氟、钒、铬、锰、铁、钴、镍、铜、锌、硒、锶、钼、锡、碘等)做了广泛深入的调查研究外,还对锗、锂、镉、钯、硅、砷等在人体的存在、功能与健康的关系,以及在抗衰老方面的应用等进行研究并取得了可喜的成果。事实上,将这些微量元素分为必需和非必需,若分为有毒和无毒有些欠妥,所有必需微量元素服用超过足够剂量,都会发生毒性作用。大多数微量元素最初被认为是毒物,后来发现它们是人体必需的营养素,如氟和硒。

从机体对元素的需要量看,必需元素分为常量元素(宏观)和微量(痕量)元素。H、O、C、N 等元素组成了机体活质的主要部分,占必需元素总量的 99% 以上,它们属常量必需元素。那些在机体中相对含量少于 0.01% 的必需元素,为微量必需元素。生物学界发现,微量必需元素的速度大约是每 10 年 2 个,40 年前人们仅认识几种必需的微量元素,现在已认识了 12 种,它们是 F、Cr、Fe、Cu、Zn、Si、V、Mn、Ni、Se、Sn、I。其中 F、Ni、Sn、Si、V 是近些年才被认为属于必需元素的。

在所有的化学元素中,有些具有生物活性,可对生命过程起着有益或有害的作用,这些元素称为生命元素。生命元素进一步又可分为生命活动所必需的营养元素和有生物活性而并非必需的元素。

所谓必需的元素,除指那些作为生命物质基本成分的化学元素外,还指那些以恒定的浓度存在于机体的各种健康组织中,缺乏时会引起相应的生理、结构异常或伴随特殊的生化改变,补给时能阻止这些异常变化的进展或促使其恢复正常的化学元素。目前所知,动物所必需的化学元素约有 25 种。

关于氟是否为必需元素的问题,曾经有过较长时间的争论。目前很多资料报道都认为,氟是机体生命活动中所必需的微量元素之一。很多流行病学资料和试验观察都可以证明,氟对生理作用是多方面的。机体内的氟化物 90% 以上存在于富含钙、磷的骨、牙等硬组织中。研究证明,氟化物的加入可加速钙、磷形成骨盐的过程,并增加其稳定性。

2.4.1 氟对骨的作用

成熟骨干重的 30% 为有机基质,其中胶原蛋白占 90%,碳水化合物、非胶原蛋白和脂类占 10%。骨的组成随着其生长和矿化过程而变化,但在特定种属中,其组成是相当恒定的。过量地摄入氟元素,可能会导致骨畸形,典型的有地方性氟中毒和工业性氟中毒,表现为全身性骨硬化、筋腱韧带骨化、骨的脆性增加、骨皮质增厚和不规则及骨质疏松矿化不良等。关于氟在骨内的沉积机制及其病理过程尚未十分清楚,一般认为,氟主要与骨磷灰石的羟基发生离子置换,并影响骨的代谢。基于氟可促进骨形成的一些试验结果,近30年来,有些国家也把氟用于治疗骨质疏松症。通过临床与试验观察和分析,人们对氟的作用有了进一步了解。

2.4.2　氟对牙齿发育等的影响

适量的氟能维持人体的牙齿健康,低氟摄入的动物生长迟缓、体重减轻、毛发脱落,发生龋齿、牙齿排列混乱,甚至出现下牙过度生长,穿透上颚的现象。尤其是在牙齿和其他一些来源于外胚层组织的生长发育过程中,氟能够起到硬化和稳定的作用。在牙齿发育的全过程中,饮用含氟水可以达到良好的防龋效果。

1945年以来,世界上有些国家因为氟的防龋作用,向饮用水中加入氟。目前,这种办法被有些专家反对,认为单纯为了防龋将饮用水加氟是一种极大的浪费,同时也污染了环境,因为每天人所喝的水只占使用量的很小的一部分(约 2 000 mL),加到水里的氟大部分随使用的水流到环境中污染周围的环境;很多人不需要加氟,这样加氟使很多人被迫受害。

2.4.3　氟与机体生长发育的关系

众所周知,环境中可以获得的氟完全可以满足人体对氟的生理需求量。因此,没有发现由氟缺乏引起的疾病。试验表明,只有少数几种动物的繁殖能力下降,而这些动物的繁殖能力只有在氟含量较低的情况下才会降低。在这种情况下,后代可以靠母乳中获得的氟化物生存,一旦断奶,它们很容易死亡。

第 3 章　地方性氟中毒的概述

地方性氟中毒是一种在一定的地理环境中长期摄入过多的氟引起的生物地球化学疾病,是中国最为古老的疾病之一,在世界各地分布非常广泛。目前,世界上 50 多个国家存在地方性氟中毒流行的现象。而在我国,在不同程度上存在地方性氟中毒流行的现象,是目前影响我国人民身体健康的地方性疾病之一。

在特殊的地理环境中,人或者动物长时间从外界环境,包括饮水、食物、空气等方面摄入过量的氟化物,在身体内产生累积,从而引起全身范围的慢性中毒,其主要对牙齿和骨骼造成损害,这种疾病被称为地方性氟中毒。

由地方性氟中毒导致的疾病,在世界范围内分布十分广泛,每个大陆均有高氟地区存在,都出现地方性氟中毒现象,由于发病机制目前还不是十分清楚,治疗方法不够完善,已经严重危害人类健康。目前,有关氟中毒的学说有以下几种:①氟化物对磷灰石的研究学说;②氟对胶原核细胞外质基本学说;③氟对成骨细胞和破骨细胞的影响学说;④自由基和氧化应激的研究学说;⑤地方性的氟中毒疾病应隶属"钙矛盾疾病"的学说。

3.1　地方性氟中毒的定义

地方性氟中毒是人体处于特定的自然环境和社会环境中,通过水、食物以及空气等途径长期摄入过量的氟,超过了正常生理需要,从而引起的全身性慢性病变,因此是一种生物地球化学性疾病。在地球的数亿年的演变下,由于自然或人为的因素使地壳表面的各种元素分布不均衡,从而导致环境中的个别元素过多,也因此使得在这种环境中生活的人与动物体内的微量元素平衡受到影响,正常的生理生化过程遭到破坏,进而引起特异性疾病。

地方性氟中毒既是十分广泛的社会性疾病,又是生物地球化学性疾病,是由多种因素综合影响而导致的疾病,受到自然环境因素和社会条件因素的制约,在贫穷落后的地区较为广泛。自然环境因素包括气候、水文、地质构造等,社会条件因素包括人文、经济、教育、风俗习惯等。截至 2009 年底,全国共有 3 877 万人患有氟斑牙,284 万人患有氟骨症,而受地方性氟中毒威胁的人口超过 2 亿。这些数据表明,氟中毒已经对受影响地区居民的身体健康造成严重影响,成为一项亟待解决的重要公共卫生问题。然而,目前在临床上尚缺乏特效治疗药物和有效的方法来治疗氟斑牙和氟骨症。因此,预防、早期发现和控制氟中毒变得尤为关键和紧迫。

3.2　地方性氟中毒的研究历史

氟的研究主要是从口腔科专家开始的,在 20 世纪 30 年代以后相当长的时间内,以水氟和氟斑牙关系作为研究主题有十分明显的优势,其主要得益于美国口腔专家 Dean 的研究。Dean 是最初研究水氟和氟斑牙关系的专家,1933 年提出的氟斑牙分度法至今仍为世界各国所采用。其观点和方法在 20 世纪 30 ~ 50 年代的氟研究上起着主导作用,直到今天依然存在较大影响。

20 世纪 60 年代是氟与健康、疾病研究的转折期。人们从实际工作中获得更多有益的材料,用于论证影响氟作用的因素也逐渐丰富,因此认为只考虑水中氟元素的作用是不够的。同时,研究人员也发现除了水中的氟,还有其他来源的氟在起作用。1962 年国外学者研究氟元素对人体的影响时,他们提出了一个综合考虑多个因素的观点。这些因素包括个体饮用当地水的时间,水中矿物质的混入程度,个体的年龄、性别、健康、职业、营养状况,以及个人的饮食习惯、喝茶和其他嗜好程度,还有使用含氟药剂的情况等。根据这些因素的差异性,简单地将饮用水中的氟毒性规定为固定数值是不合适的做法。

自 20 世纪 70 年代以来,随着氟在工业生产中广泛应用,带来的含氟废物排放问题比地氟病更加复杂。在某些地区,这两个问题可能同时存在且相互影响。因此,在研究中,我们不能仅仅关注地氟病或工业氟污染,还应关注氟在环境中的迁移和变化情况。只有全面了解氟的来源、传播途径以及影响因素,才能更好地控制和预防与氟相关的问题。

自 20 世纪 80 年代以来,随着有机氟化合物的广泛应用,工业氟污染问题引起了越来越多的关注。这是因为工业氟污染的范围广泛,对环境和人体健康造成严重危害。氟的作用机制一直是氟研究领域长期关注的重要课题。近年来,国际氟学术会议的论文表明,氟测定方法的研究取得了重要进展。一方面,通过结合氟分析法和各种分离技术的应用,可以排除干扰物质、浓缩微量氟或将其分离出来。例如:先利用阴离子交换树脂对氟离子进行浓缩吸附,然后使用经典的氟试剂比色法进行氟的测定。另一方面,近年来新开发的超微量分析法也被应用于微量氟的分析。

3.3　地方性氟中毒的流行概况

氟斑牙,也被称为斑釉牙,是由于人体在牙齿发育期间摄入过多氟化物,导致牙釉质发育不完全而引起的。这是地方性氟中毒早期最常见和最明显的症状之一。氟中毒对牙齿的影响通常在地方性氟中毒病区的儿童在 6 ~ 7 岁换牙期后开始显现。牙齿的唇侧面,特别是门齿和犬齿区域,是氟斑牙变化最为明显的部位。

氟骨症是氟中毒较严重的表现之一,医学上把氟中毒后表现的全身骨骼系统的变化叫氟骨症。从接触氟到高氟至发生氟骨症一般需要 10 ~ 30 年或更长的时间。氟骨症主要表现为全身关节痛、腰腿痛、关节活动受限、骨骼变形以及弯腰驼背等,严重者卧床不起,甚至瘫痪,可概括为"痛、麻、抽、僵"。

在工作中接触氟化物引发的职业性氟中毒造成的氟骨症需要 10 ~ 15 年的时间,因此氟骨症常见于成年人。当然并不是说,生活在高氟地区,患了氟斑牙的人一定时期后都会患氟骨症。氟骨症早期通常无症状,或偶尔有肢体小关节及背部疼痛;后来发展到腰背部,继而胸、背以及颈部疼痛,这些疼痛随病程进展愈来愈严重,肌肉导致紧张背部区强直,人体活动受限,造成肢体或整个脊柱僵直成形,不能活动。有氟骨症引起的畸形常见的有颈椎屈曲、脊柱侧弯或驼背、佝腰、腰椎后突、髋部及颈部弯曲等。到目前为止对氟骨症还没有特效的治疗方法。氟骨症不仅给患者带来严重的身体不适,还会造成很大的心理痛苦和负担,也给患者所在的家庭带来很大的经济压力,与此同时,对当地的生产建设和经济发展带来一定的负面影响。因此,加强地方性氟中毒的预防对保障人民的身体健康,提高民族身体素质,加速我国的现代化建设都有非常重大的意义。

地方性氟中毒广泛分布于全球 50 多个国家和地区。这些地方性氟中毒主要是由于饮用水中氟含量高,并且大多数地区与火山活动区、干旱或半干旱的盐碱化地区、磷酸盐矿区、萤石矿区等地理因素有关。

我国对地方性氟中毒的防治和科研工作虽然起步较晚,但自 1981 年以后,各省、自治区、直辖市纷纷进行研究,很快取得了较大的进展。目前,已基本调查清楚了地方性氟中毒的流行特征、病区和类型分布。除上海市外,我国各省、自治区、直辖市都存在不同程度的流行。截至 2016 年,病区人口达 2 亿人,病区县 1 296 个,病区自然村 148 168 个,患氟斑牙人数 4 530 多万人,氟骨症患者 270 多万人。

调查资料表明,目前我国主要的地方性氟中毒病区有两类,包括饮水污染型病区和生活燃煤污染型病区。此外,还有部分通过喝茶、食用当地井盐引起的氟中毒病区。饮水污染型病区主要分布在我国北方的大部分干旱与半干旱盐碱化的地区,还有一部分位于含氟矿床地区。我国特有的一种类型的病区,为生活燃煤污染型病区,这种病区的主要特点为饮水中氟的含量并不高,但是室内空气,包括用煤烘烤过的粮食、蔬菜中的氟含量偏高,此类病区主要分布在云、贵、川、鄂等省交界处的偏远山区。现已查明此类病区有 14 个省、自治区,病区人口 3 000 万人,病人 1 000 多万人。

从全国宏观来看,我国的氟病区有一定的规律性,主要集中在下列三条病区带内,而且每条大病区带有相对一致的环境性质,每条大病区带内的成因类型也较一致。三条病区带的成因类型不同,各自有着不同的地理环境和地貌特征。

这三条病区带分别是:

(1)北方干旱、半干旱低地病区带,包括哈尔滨—大连铁路以西、淮河—秦岭以北、龙门山—横断山以西,呈宽带状环绕于荒漠带的边缘,具有明显的分带规律。此病区带与我国的干旱、半干旱区的范围相吻合。病区带位于沙漠带与高山之间或高山与高山之间的低洼地带。

(2)豫、鄂、川、贵、滇高山低病区带,起于河南伏牛山,经鄂西、川东到贵州中部云南龙川谷地,呈东北—西南走向,呈狭带分布。病区带属山地高原,病区带内的土壤以微酸性的棕壤、黄壤为主。

(3)东南丘陵病区带,起于浙江义乌、武义经福建龙溪地区至广东梅县地区,呈东北—西南走向。病区带范围与东南丘陵吻合,是花岗岩出露区,岩石类型单一。

除地域因素外,氟中毒的分布还受社会环境、经济条件等诸多因素影响。地氟病,既是一种原生环境的环境疾病,又与社会生态环境密不可分。

3.4　地方性氟中毒的流行病学

从 1888 年开始至今,世界不同地区有报道的地方性氟中毒国家与地区已经达到了 50 多个,在某些国家地方性氟中毒的分布病区十分广泛。

我国对地方性氟中毒的研究可以追溯到 20 世纪 30 年代。最早的报道来自 Andersan、Taylor 等,在 1930 年先后调查了天津、北京等地的氟斑牙情况。随后,一些学者在 1935 年对东北地区的汤岗子、熊岳、兴城等温泉地区进行了氟斑牙的调查。1946 年, Lyth 等报道了贵州威宁地区的 4 例氟骨症患者。在 20 世纪 50 年代,启真道、江惠真等报道了贵州和北京小汤山地区的饮水氟含量与氟斑牙患病率的相关情况。然而,真正大规模的研究和防治工作 20 世纪 60 年代后期才开始。中国北方的 10 多个省、自治区、直辖市开始展开线索调查和进行较大规模的普查工作。目前,全国已有 24 个省、自治区、直辖市陆续报道了地方性氟中毒病流行的情况。主要流行区域包括东北、华北、西北以及长江以北的地区,其次是西南地区等。此外,长江以南和江南等地也有零星分布。

3.4.1　地方性氟中毒——氟斑牙

地方性氟中毒是一种全身性的慢性疾病,其临床表现相当复杂,最显著的特征在于对牙齿和骨骼系统的影响。尽管氟是人体所需的重要元素之一,但如果摄入超过一定范围,就可能引发各种损害和病变。

3.4.1.1　氟斑牙的简介

氟斑牙,也被称为斑釉牙,是一种牙齿疾病,与饮用水中过高的氟含量有关。在儿童的 7~8 岁之前,牙齿的发育和钙化处于关键期。如果饮用水中的氟含量超过安全范围,就会对牙胚中的造釉细胞造成损害。这会影响釉质的正常形成,导致发育不完全。事实上,斑釉牙可以被视为轻度氟中毒的一种表现。水中氟含量与其毒性的关系见表 3-1。

表 3-1　水中氟含量与其毒性的关系

水中氟含量/（mg/L）	作用及毒性表现
1	预防龋齿
2	氟斑牙
5	引起骨硬化症
8	10%硬化症
20~80	氟骨症（伴有残疾）
50	甲状腺病变

续表 3-1

水中氟含量/(mg/L)	作用及毒性表现
100	生长发育迟缓
125	肾脏病变或异常
2 500~5 000	死亡

氟元素对牙齿有着双重影响。当饮用水中的氟含量超过 1 μg/mL(1 mg/L)时,可能引发氟斑牙的发生。如果氟含量超过 3 μg/mL,氟斑牙的发病率甚至高达 100%。然而,当饮水中缺乏氟元素时,牙齿的抗龋能力会下降。适量的氟含量,如恰好为 1 μg/mL,既能预防龋齿,又不会导致氟斑牙的出现。除了氟含量,氟斑牙的发病情况还受当地温度、钙、磷的摄入量以及个体差异的影响。在温度较高的地区,人们的饮水量较大,从而摄入更多的氟元素。此外,维生素 A、维生素 D、钙和磷的不平衡也可能加剧氟的危害程度。

3.4.1.2　氟斑牙的分度

(1)轻度氟斑牙,也被称为白垩型氟斑牙,是一种在牙齿釉质表面出现的特殊病变。它呈现为类似白色粉笔的不透明斑块,使得釉质失去原本的光泽。这种病变可在牙面上形成白色粉笔状的线条、斑点或斑块,覆盖范围可能涉及整个牙面。尽管出现了这种变化,但牙齿的釉质仍保持一定的硬度和光泽。

(2)中度氟斑牙,也被称为着色型氟斑牙,是一种牙齿釉质的特殊变化。在这种情况下,牙齿的釉质会出现不同程度的颜色改变,通常呈现为黄褐色或暗棕色的斑块,有时甚至是深褐色或黑色。这种色素沉着可以以细小的斑点、条纹或斑块的形式出现,并且可能覆盖牙面的大部分区域。尤其是上前牙最容易受到影响,而牙釉质仍然保持光滑和坚硬的特性。

(3)重度氟斑牙,也被称为缺损型氟斑牙,是一种牙齿疾病,其特征是牙齿表面出现黄褐色斑块和不同程度的缺损。这种缺损可以呈现为线状、点状或窝沟状的形式,并且在凹陷处有深色染色。受影响的牙齿表面失去了光泽。病情严重时,牙齿表面会出现细小的凹痕、较大的凹窝,甚至是大面积的浅层釉质剥脱。轻度病例仅限于牙釉质表层的缺损,而重度病例则涉及牙齿各个面,包括邻接面,从而破坏了牙齿的整体外观。

在对氟斑牙进行分度时,存在多种方法可供选择,其中包括 Dean 分度法、三度至五度分类法和Ⅲ型 9 度法。在这些方法中,Dean 分度法是最为广泛采用的分类方法,受到了世界卫生组织(WHO)的推荐。

Dean 分度法是一种临床上用于分类氟斑牙程度的方法。它通过综合考虑氟斑牙的白垩、着色和缺损程度,受累面积和受累牙面数量,以及牙面的光泽度等因素进行评估。根据 Dean 分度法,氟斑牙可被分为正常、可疑、极轻、轻度、中度和重度 6 个级别。这种分类方法非常详细,有助于进行精确的数据分析和病情筛选,因此被世界卫生组织推荐作为氟斑牙的诊断方法。使用 Dean 分度法可以提供准确的病情描述和评估,为制订治疗方案和预防措施提供了可靠的依据(见表 3-2)。

表 3-2　Dean 分度法

度别	级别	临床特征	记分
0	正常	釉质呈半透明、半玻璃样结构,表面光滑且具有光泽,通常为乳白色或青白色	0
1	可疑	釉质正常呈半透明度且有轻微改变,从少量的白斑纹到偶见的白斑点,既不能诊断为正常也不符合轻度者	0.5
2	极轻	牙釉质白色透明区域小,不透明纸白色区不规则地散在牙面上,但不超过牙面积比例的25%,常见于双尖牙或第二磨牙的顶端,白色不透明区少于1~2 mm	1
3	轻度	牙釉质白色透明区更广泛,但不超过牙面比例的50%	2
4	中度	牙齿的全部牙面受损,有明显的磨损。牙面呈棕褐色着色而难看	3
5	重度	全部牙面受损害,有分散的或融合坑凹状缺损,影响牙齿外形,着色广泛,呈棕褐色或黑色,出现腐蚀样变化	4

3.4.1.3　氟斑牙指数的计算

氟斑牙指数的计算公式:

氟斑牙指数=(0.5×可疑人数 + 1×极轻人数 +2×轻度人数+3×中度人数+4×重度人数)/受检人数

3.4.1.4　氟斑牙流行情况分级

氟斑牙流行情况等级,一般是根据氟斑牙指数来确定的。依据氟斑牙的影响及毒性表现,一般可以将其分为 6 个等级(见表 3-3)。

表 3-3　人群氟斑牙流行情况分级标准

分级	分级标准
阴性	0~0.4
边缘线	0.4~0.6
轻度	0.6~1.0
中度	1.0~2.0
中等重度	2.0~3.0
很重度	3.0~4.0

3.4.1.5　氟斑牙的危害

氟斑牙是地区性慢性氟中毒早期最常见和突出的症状,在临床上表现为白垩色到褐色的斑块,严重者还并发釉质的实质缺损。氟斑牙导致的牙面色素沉着会影响牙齿美观、釉质受损,可能使牙体受损敏感。

氟斑牙严重影响着健康和美观,对患者的心理也造成严重的负担和压力。因此,在氟斑牙治疗中,有效去除氟斑牙牙面着色,尽可能地保护牙体组织成了亟待解决的问题。牙齿的改变是不可逆的,氟斑牙也无法完全治愈,虽然可以通过医学美容减轻美观的影响,但这不能根本地解决这个问题,还是需要将研究及解决问题的重点放在氟斑牙疾病的预防上面,真正落实降氟和固氟措施,这是最终解决氟斑牙问题的关键。

3.4.2　地方性氟中毒——氟骨症

氟是人体必需的微量元素之一,对人体的生命活动、牙齿和骨骼的代谢发挥着重要作用。然而,长期过量地摄入氟化物会引发氟中毒的问题,早在1932年,丹麦的科学家首次提出了氟中毒的概念,并发现其具有地域性特点,与饮水中的氟含量密切相关,因此被命名为地方性氟中毒。当患者出现骨骼损害或神经系统病变时,称其为氟骨症。在我国,氟骨症流行的地区非常广泛,无论是城市还是乡村、山地还是平原、沿海还是内陆,都有相关的报道。近年来,随着工业化的快速发展,环境污染也成为氟骨症的主要病因之一。因此,我们必须高度重视氟骨症问题,并采取相应的预防和治疗措施。

3.4.2.1　氟骨症的临床表现

氟骨症对骨骼组织的损害在临床上表现多样,主要包括腰腿疼痛、骨关节疼痛和僵硬、骨骼变形以及脊神经根受压等症状。患者常常感到四肢、脊柱等关节处的疼痛,通常呈酸痛和胀痛感,持续存在,活动后疼痛有所缓解,而休息时疼痛加剧。这种疼痛一般不伴有红肿和热感,也不呈游走性关节痛的特点。患者早晨起床时常感到僵硬,不能立刻进行活动,严重的患者可能出现刺痛或电击样的疼痛感。发作期间,患者会避免与他人接触,甚至不敢翻身和咳嗽。病程较长的患者可能出现脊柱强直、四肢关节僵硬,脊柱侧凸或驼背,以及膝关节内翻或外翻等骨骼变形症状。

氟中毒对肌肉也会带来一系列的损害。在氟骨症中,由于神经受压和营养障碍,肌肉会遭受损害和萎缩。大约10%的患者由于骨骼组织的病理改变而发生神经系统病变,主要表现为脊髓和神经根受压。患者可能出现下肢麻木、刺痛、肢体末端感觉异常、躯干束带感、肌力下降以及肌张力的增加和反射亢进等症状。在重症患者中,骨骼损害较为严重,脊柱普遍出现骨质增生和融合、椎间孔变窄、椎旁韧带和软组织发生钙化或骨化,导致椎管狭窄。重症患者可能会出现两便失禁甚至偏瘫等症状。

3.4.2.2　氟骨症的自觉症状

氟骨症的发病过程缓慢,症状没有明显的个体差异,因此患者很难确定确切的发病时间。氟骨症在临床上表现为腰腿疼痛、关节僵硬、骨骼变形、下肢弯曲和驼背等症状,甚至可能导致偏瘫。疼痛是氟骨症最常见的自觉症状,通常从腰部和背部开始,并逐渐波及四肢大关节和足跟等部位。患者可能感到一到两处疼痛,也可能全身多处受累,但疼痛并不游走,没有伴随红肿和热感等炎症症状,疼痛持续存在,活动后加重,休息时缓解。在夜间和清晨起床时,疼痛可能会加剧,患者可能需要扶靠床边或使用拐杖来行走。经过一段时间的活动后,疼痛程度可能会有所减轻。疼痛通常表现为酸痛,重症患者可能会感到刺痛或剧烈的刀割样疼痛。对于病情较为稳定的重症患者,疼痛可能会减轻甚至消失。少数患者可能由于疼痛的触发阈值降低而出现痛觉过敏,被他人触碰、大声说话、咳嗽或翻身等动作可能导致疼痛加剧,因此患者常采取保护性体位来减轻疼痛。

氟骨症还常伴有麻木感。这种麻木感通常出现在四肢或身体特定部位,同时还可能伴有异常的感觉,如蚁走感、肿胀感、电击感或束带感,或者感觉减退。目前尚不清楚这些症状的发生机制。在氟骨症的早期阶段,这些症状可能与骨骼活跃的造骨过程导致体内短暂的钙缺乏有关。而在病程晚期,这些症状往往是氟骨症引起的椎间孔狭窄,压迫脊神经根所致。

僵硬是大多数患者疼痛时,引发关节发紧、肌肉张力增强的症状。肢体僵硬多以下肢最为常见,这可能与身体神经系统有关。部分患者可能出现头疼、头昏、心悸、乏力、嗜睡等症状,也可能出现恶心、腹胀、食欲不振、腹泻和便秘等胃肠功能紊乱症状。当氟骨症引发泌尿系统受损时,会导致尿频、尿急等泌尿系统疾病,甚至会导致肾损害,还可能产生尿道结石致使尿路堵塞,出现肾绞痛症状。当氟骨症引发胸廓严重变形致使内脏受损时,可能出现呼吸困难、心悸、心脏功能不全等症状。患者晚期时身体虚弱,营养不良,甚至可能出现恶病质状态。氟骨症患者多死于身体极度衰竭以及并发症。

3.5　氟中毒的污染危害

3.5.1　工业氟污染

与地方性氟中毒相比,工业氟污染的历史不长,一般认为发达国家是从 20 世纪 30 年代大面积开始的,我国是从 60 年代末出现的。它的危害却非常严重,在短期内,给当地的环境、生态、农业、牧业乃至人的健康造成巨大的危害。

氟是一种淡黄色有毒气体。常态下的氟以不溶的形式存在。当工人将氟化物粉尘吸入体内,在胃内酸性环境中,氟变成易溶物。它通过肠道被吸收进入血液,再散布到其他组织(如骨组织)。氟还可以通过呼吸系统和皮肤进入体内。后来科学工作者逐渐认识到炼铝厂、氟化盐厂(制造氟铝酸钠)、磷灰厂(过磷酸钙和钙镁磷肥)、炼钢厂、炼锡厂、陶瓷厂和“氟利昂”厂等都排放工业含氟废气,其他如玻璃厂、搪瓷厂、颜料厂,甚至大型砖瓦厂和水泥厂也都有一定数量的含氟废气排出。

氟废气包括氟化氢(HF)和四氟化硅(SiF_4),二者都具有高度的毒性,它们被植物叶面的气孔吸收,也被空气中的水分吸收,成为氢氟酸而具有腐蚀和刺激作用。此外,大量含氟粉尘随风飘散,降落在草地上。工业氟污染区的范围随气候、地理条件而异。干旱风大的地区,污染面积较广。

《中国环境报》报道:由于从工厂排放含氟“三废”造成环境的污染,对人群、牲畜、农作物以及其他植物造成危害。氟及其化合物在多个领域广泛应用,包括化学、医学、农业、民用工业、军事工业、原子能和宇航事业等。根据“八五”期间全国工业污染源调查资料显示,我国氟化物的年排放量达到了 6.0 万 t,其中有 10 个省、自治区、直辖市的年排放量超过千吨。近年来,随着我国工业的快速发展,氟污染问题日益严重,由于氟排放企业的增多和生产规模的扩大,一些企业的氟污染已经严重影响了周边居民的健康。例如:某铝业有限责任公司年产铝锭 20 万 t,其氟污染问题导致附近农业严重减产,大量牲畜致残甚至死亡,村民们普遍感到身体不适。他们出现手脚僵硬、腰痛、牙病和呼吸道疾病的情况明显增多,给附近村民的生命和财产造成了严重威胁。某氟化总厂没有采取任何环保措施,所有污染物直接排放,导致原本美丽宜居的地方变得臭气熏天、烟雾弥漫,数百户居民生活在这样的环境中,仿佛置身于噩梦之中。根据当地村民的反映,约 40% 的人患有骨质疏松症,孩子们的身高发育受阻,牲畜无法繁殖,农作物凋零,果树不结果,湖泊中的鱼虾绝迹,大面积的森林遭到破坏。目前,我国有 120 多家大型铝厂,产量占全国铝产量的65%。这些厂家技术装备落后,综合能耗指标高,且大多数厂家在设计时都未设置烟尘净化设施,氟污染现象严重。

3.5.2　农业氟污染

尽管氟并非植物所必需的营养元素,但植物具有一定的氟蓄积能力。当大气中的氟浓度较低时,植物可以通过茎叶不断地积累氟,并且能够承受一定程度的氟污染。研究结果显示,当大气中的氟浓度低于 0.8 $\mu g/m^3$ 时,一些植物的氟含量可达到 2 000 $\mu g/g$,并且其富集系数可高达 200 万倍。关于植物积累氟的机制目前还存在争议。有一部分观点认为,植物积累的氟主要来自大气。另一部分观点认为,植物积累的氟与土壤中的氟含量显著相关;还有一部分观点认为,来自大气的氟和来自土壤的氟在植物体内的分布不同,土壤中的氟主要积累在根部,只有当土壤中水溶性氟含量较高时,氟才会向叶片中积累。无论哪种观点是正确的,氟化物在植物体内造成残留性的伤害是无可争议的事实。在农业大气氟污染事故中,作物受到的影响最为显著。氟通过作物叶片的气孔、表皮或角质层侵入叶片,并进入细胞间隙和导管。在运输过程中,氟与酶蛋白中的金属元素结合导致酶失去活性,干扰代谢功能,引发作物的营养障碍。此外,氟与镁离子结合会破坏叶绿素和原生质,导致叶片中的叶绿素含量降低,影响作物的光合作用和生长。氟还与钙离子结合引发钙营养障碍,导致细胞外液渗出、增加物质渗漏,进而导致植物生长点死亡,新叶和顶芽发生溃烂等症状。

3.5.3　畜牧业氟污染

农业氟污染,尤其是对饲养业危害大,饲料中添加高氟磷酸氢钙将会引起动物氟中毒,在一定时间、一定范围内将会给养殖企业造成经济损失。早在 20 世纪 30 年代到 70年代,美国密歇根州州立大学的 Hillman(1978,1979)就报道了因添加高氟磷酸盐添加剂,导致奶牛严重氟中毒的事件。在他所调查的 6 个奶牛场中,22 头奶牛发生氟中毒,22个奶牛骨样本氟含量在 850~6 935 mg/kg。1930 年,密歇根农学院的 Reed 和 Huffman 首次报道了粗磷酸盐矿石含有 3.5% 的氟,牛已经食用含有 1.5% 这种矿物质添加剂的饲料5 年以上,并描述了牛在氟中毒后特有的骨骼和牙齿的损伤症状。Lantz 和 Smith 在 1934

年,DeToit,Smuts 和 Malan 在 1937 年相继报道奶牛患有严重的骨骼氟中毒会使得骨钙受损,从而影响成骨细胞的生成。1954 年,Neeley 和 Harbough 报道田纳西州牛出现跛行和散关节的损伤症。此外,氟中毒对营养与产奶量的影响也有不少报道。如 1930 年,Reed 和 Huffman 等报道,氟中毒后半年到五年不等的时间内都有使产奶量减少的影响。1957年,Suttie,Miller 和 Phillips 报道谷物中大量氟化物的摄入会导致产奶量的突然急剧下降。同时,1957 年,Suttie,Miller 和 Phillips 分别报道长时间过量摄入氟,还会导致动物缺乏营养、跛行、厌食。1972 年,Suttie,Carlson 和 Faltin 报道,过量氟会减少血红素在血液中的蓄积。

在我国,随着规模化养殖和饲料行业的快速发展,人们对饲料的质量要求越来越高。将骨粉与磷酸钙(磷酸氢钙、磷酸三钙)加入到饲料中,能有效地提高饲料的转化率。随着我国饲料行业的快速发展,高氟、低品质、高氟磷酸盐含量高、质量差、掺杂有高氟磷酸盐等杂质的磷酸盐进入市场,引起大量动物发生急性、亚急性氟中毒,并呈蔓延之势。

徐佳胜曾研究,广东省河源及周边地区 23 家蛋鸭及种鸭大户(1 000~5 000 只)在喂食高氟磷酸氢钙饲料后,在次日 14:00~16:00,有 5%~10%的鸭变得软弱无力,甚至死亡,整个鸭群的产蛋率降低了 10%~50%,受精率、孵化率降低了 10%~20%。刘永庆曾指出,当饲料中添加过量的含氟磷酸氢钙时,较短时间内会使禽类(尤其是鸭)的喙变软,质地如橡皮,导致其啄食困难。综上所述,饲料性氟中毒对畜牧业的危害已经十分严重。

3.6　地方性氟中毒的防治概况

防和治是两个概念。"防"是未雨绸缪,防患于未然。在发生氟污染之前,阻止污染源的发生、污染行为的进行和污染危害的影响的出现,破坏和消除上述过程的形成和作用机制。"治"是针对已经构成和发生的污染而言,对其进行控制,包括加速其净化作用,减轻危害影响及提出应急和根本性解决措施。注重防护和治理是可以在一起考虑的问题,在实际的工作中,可以联系在一起解决。

3.6.1　环境氟容量分区

开展环境氟容量分区是制订地方性氟中毒污染防治方案、制订合理排放浓度方案和措施的重要依据。影响环境氟容量的因素较多且复杂,自然环境本身对氟具有一定的净化能力,影响着一个地区氟含量的背景值,对环境氟容量制订至关重要。环境对氟的自然净化包括绝对净化(区域内的氟转移到区域外)和相对净化(使氟失去活性)。

要对一个国家和区域进行环境氟容量分区是比较困难的,目前还没有这种完整资料和成熟工作。有学者曾对我国大气环境中的工业氟容量问题做了开拓性研究,他们根据环境质量变异的地球化学分析原理,把全国划分为 5 个大气氟容量区。其中,我国西北部是氟容量最低的地区;东南沿海为高氟容量区;我国东北—西南中间区域是一条基本上属于中等氟容量的过渡区。总的说来,氟容量由西北向东南形成自低而高的环境梯度。据估计,土壤和水中的氟容量也可能有同样的趋势。

3.6.2　控制氟源、降低排氟量

将生产和生活过程的介质的氟化物含量降低到最小限度,是防治氟污染环境的根本措施。

3.6.2.1　大气除氟

大气污染物的主要成分是氟化氢、四氟化硅气体和含氟粉尘。含氟粉尘可通过各种除尘设备如静电吸尘器最大限度地减少其从烟囱的散逸量。氟气体的处理方法通常采用干法吸收和湿法吸收。干法吸收是以干物质(固体)作为吸附剂。这些干物质的选择是以与 HF 和 SiF_4 接触是否产生化学反应为前提。由于 HF 和 SiF_4 为酸性物质,所以常用的吸收剂为碱性物质。

湿法吸收通常是用水、碱性溶液或盐类溶液(硫酸钠、硫酸钾、硝酸钠等)等来吸收气体中的氟,形成氟氢酸、氟硅酸以及其他盐类化合物。氟化氢等气体本身易溶于水,且用水经济性高,因此目前国内多数磷肥厂、铝厂等企业都采用湿法吸收来处理回收氟。除用水和碱外,氨、石灰乳以及电石渣悬浮液等也是常用的吸附剂。企业将这些氟吸收液再处理,还可以得到各种氟产品。

3.6.2.2　饮水除氟

最初的饮水除氟是采用钙沉淀法,使水中的氟生成 CaF_2 或其他形式的难溶性钙盐。这一方法简便、经济、易行,适用于多种工业废水处理,在今天仍被广泛应用。但是,由于 $2F^- + Ca^{2+} =\!=\!= CaF_2$ 在常温下反应速度很慢,而且生成的 CaF_2 是胶体沉淀物,因此从物理学角度看,该方法去除性不好。另外,这种方法不能除去硼氟酸盐类,所以此法不能使水氟降到 10 μg/mL 以下。为了饮用和其他必要原因,需要使水氟含量降到很低,在此基础上又研究了几种其他处理方法,包括吸附法、化学沉淀法、混凝沉淀法、电凝聚法、离子交换树脂处理法以及反渗透法。

3.6.2.3　改善氟迁移条件和扩散环境,促进净化

无论有怎样的降氟措施,都不可能使氟百分之百地去除。很多附体氟污染物,通常都考虑到经济因素而不进行脱氟处理。用生态系统来调节生态环境中的氟运动,使之尽量不造成环境氟污染,便是一项具有实际意义的战略措施。

3.6.2.4　行政管理与法规控制

政府有关部门应加强对预防地方性氟中毒工作的组织领导和宣传教育,提高全民族的自我保护意识,在生活中要尽量饮用低氟水。同时,有关部门要加强对饮水降氟措施的研究。

3.6.3　各种除氟方法

3.6.3.1　吸附法

吸附法是利用带有氟气吸附剂的装置,将含氟废水中的氟气与吸附剂中的离子或基因交换,来去除含氟废水中的氟气,吸附剂经过再生后,可恢复其交换能力。吸附法主要应用于处理低浓度的含氟废水。除氟的方法有接触床、离子交换剂、填料床等。该工艺采用动态吸附法,具有操作简单、除氟效果稳定等优点。按照吸附材料的种类,氟化物吸附

剂可以分为铝基、稀土基、天然大分子等几种。氟在活性氧化铝上的吸附是以化学吸附的形式存在的,其方程为:

$$Al_2O_3+Na^++F^-\!=\!=\!=Al_2O_3\cdot NaF$$

一些学者则采用特定的处理方法,将其应用于高氟原水中。在除氟剂对氟化物含量为 10 mg/L 的原水处理试验中,其末端出水的氟化物含量在低于 8 mg/L 时低于 1 mg/L;除氟剂的绝对饱和吸附量为 1.67 mg/L,相对饱和吸附量为 1.57 mg/L,在生活化后能恢复良好的除氟性能。天然大分子吸附剂包括木素、壳聚糖、粉煤灰和功能纤维等。由于天然大分子吸附剂具有自生长的优异性能,目前越来越受到人们的关注。其中,大多数稀土吸附剂都是通过水合稀土(如 Ce、La、Ti 等)与氟发生交互作用,发生选择性交换来达到提纯的目的。

1. 活性氧化铝法

活性氧化铝是较早应用于除氟的一种吸附剂。利用铝盐溶液中溶解生成的氢氧化铝胶,通过锻烧脱水,得到了活性氧化铝。活性氧化铝是一种比表面积大、活性高的白色颗粒型多孔吸附剂,其物理形貌相对稳定,一般以水的形式表达。由于活性氧化铝的上述物理化学特性,使其成为目前应用最广的一种除氟剂,在我国超过 60%。

对于活性氧化铝除氟的机制,人们也是争论不休。本书对活性氧化铝除氟的研究,提出了两种不同的看法。XPS 结果显示,氟化物在活性氧化铝上以化学吸附的形式被吸附。在某些水化 Al_2O_3 的表面上,还存在着一种氢键作用。在物理吸附方面,它们之间的静电相互作用对 F^- 进行吸附。

还有一种看法认为,活性氧化铝去除氟化物的方法,是一种去除氟化物的方法。然而,活性氧化铝是一种等电点约为 9.5 的两性材料,其在 pH 值<9.5 时可吸附阴离子,而在 pH 值≥9.5 时可去除阳离子,故其作为一种阴离子交换剂在酸性条件下具有较强的选择性。活性氧化铝的除氟能力与原水的 pH 值有关,当 pH 值 = 5.5 时,其吸附量最大,故若将原水的 pH 值调整至 5.5,则可提高活性氧化铝的吸附量。另外,原水中的氟浓度、活性氧化铝的粒径、接触时间,以及原水中的离子类型和浓度,都会影响到高氟水的吸附量,因此对高氟水的处理比较适宜。当活性氧化铝达到饱和时,其对氟化物的去除效果将丧失,可用 1%~2% 的硫酸铝对其进行再生。

2. 骨炭法

骨炭是一种含有 7%~11% 碳,80% 由钙磷酸盐及其他无机盐组成的非晶碳。骨炭除氟在我国已有悠久的历史,是仅次于活性氧化铝的除氟技术。骨炭对氟具有较强的“亲和力”,这种作用主要是通过骨中磷灰石阴离子的交换作用,生成难溶性的氟磷灰石 $[Ca_9(PO_4)_6\cdot CaF_2]$ 将其脱除,并可在 NaOH 溶液中再生。

主要反应为:

$$2F^-+Ca_{10}(PO_4)_6(OH)_2\longrightarrow 2OH^-+Ca_{10}(PO_4)_6F_2$$

要知道,从骨炭中提炼出来的一种名为 HA 的矿物,在去除水体中的重金属方面,也有很好的效果。另外,骨炭除砷是一个不可逆转的过程,因为氟化物和砷化物之间存在着相互竞争,所以在一定的时间内,氟化物的去除能力就会大幅度下降,最后必须要用新的骨炭来代替。

　　从去除氟化物的角度来看,骨炭法是不适用于高氟砷废水的。在不改变原水中 pH 值的情况下,利用骨炭对水中的氟化物有很大的吸附能力。然而,现有的工艺存在着原料来源受限、价格昂贵、工艺复杂、机械强度差、容易磨损等问题,且出水水质感知差。

3.6.3.2　化学沉淀法

　　化学沉淀法是目前最常用的处理含氟污水的方法,尤其适用于对高浓度含氟污水的预处理。化学沉淀法是先与化学处理相结合,形成氟化物沉淀物,再利用沉淀物进行固体分离,最终实现氟离子的去除效果。由此可见,固、液的分离是决定去除效果的重要因素。根据所使用的化学品,化学沉淀法包括石灰沉淀法、电石渣沉淀法、钙盐-磷酸盐法、钙盐-铝盐法、钙盐-镁盐法等。一些学者对将生石灰制成的石灰乳或石灰粉直接加入到含氟废水中进行了试验,该试验方法简单,处理方便,成本低,特别适用于处理高浓度的含氟废水。

　　近些年来,一些研究人员提出了以钙盐为基础的镁、铝和磷酸盐的联合使用,处理效果优于单独使用钙盐,残留氟浓度更低。造成这一现象的主要原因是新的难溶性氟化物的生成。有的学者在钙盐沉淀的基础上提出加酸返调值处理含氟废水,氟的去除率可达 92% 以上。

3.6.3.3　混凝沉降法

　　当前,最常用的处理含氟废水的方法是混凝沉降法,它的基本原理是向含氟废水中加入 Fe^{2+}、Fe^{3+}、Al^{3+}、Mg^{2+} 等离子式絮凝剂,并将碱(通常是氢氧化钙)调节到合适值,形成氢氧化物胶体,胶体可以吸附氟化物,同时可以与废水中的氟发生反应生成氟化钙,在一定的条件下,还可以与多价金属的氧化物反应供沉淀析出。

　　混凝沉降法中用得比较多的混凝剂主要有两大类:①无机混凝剂。主要有铝盐和铁盐,如硫酸铝、聚合氯化铝、氯化铁、硫酸亚铁等。②有机混凝剂。比较常见的有机混凝剂为聚邻苯二甲酰胺。

　　目前,我国在无机混凝剂的研究领域已经达到了世界前沿水平。在我国应用最广泛的混凝剂便为铝盐混凝剂。先将铝盐加入水中,Al^{3+} 与 F^- 的络合作用以及铝盐水解的中间产物,会通过氟离子的配位交换、物理吸附、吹扫等方式降低水中的氟离子浓度。铝盐混凝剂主要有硫酸铝、聚合氯化铝、聚合硫酸铝等,由于它们在使用过程中既有较好的混凝效果,又具备很好的除氟效果,在工业生产中使用广泛。聚丙烯酰胺(PAM)作为一种常用的无机混凝剂,添加到含氟废水中,可以利用其对絮体的分选,加速絮体的生成,提高沉降速率和除氟效率。其优点是用量少,不会向排放物中引入 SO_4^{2-} 等,也不会向排放物中引入铁、铝等新污染物。

3.6.3.4　电凝聚法

　　该工艺的原理是利用电解生成的活性絮状沉淀物,通过静电吸附、离子交换等方式对其进行脱氟。经此处理后,水质变得更好了,可以把 20 mg/L 的含氟水降低到 1~2 mg/L 以下。本书提出的新工艺具有设备简单、操作简便、无须吸附剂再生、无化工污染物等优点,可实现连续生产,具有广阔的应用前景。

　　王丽敏等的试验结果显示,采用电絮凝技术处理含氟废水,可使含氟废水中氟含量低于 5 mg/L;用非钝化的 Al 作电极,在溶液中加入质量浓度为 50 mg/L 的 Fe^{3+} 或 Mg^{2+},溶液 pH 值为 6.0,电流 $I=0.10$ A,通电时间 $t=30$ min 时,效果最佳。

3.6.3.5　离子交换树脂法

离子交换树脂法是一种以离子交换为主要手段,通过离子交换的方式来脱除氟的方法。目前,已有一些强碱树脂对氟化物有一定的去除作用。一种含有亚氨-乙酸基功能基团的螯合树脂,通过螯合三价铝离子,使水的氟含量由 10 mg/L 降低到 0.8 mg/L。我国已开展了 201、291、717 等 3 种不同类型的树脂除氟试验,但由于其交换量(1 g)及去除率较低,且再生成本较高,未见工业应用案例。

3.6.3.6　反渗透法

反渗透法是指在一定的压力下,将高氟废水中的水分子从水中分离出来。通过对颗粒大小的控制及对荷电颗粒的截留,使 RO 膜中的各类杂质得到了完全的清除。反渗透工艺对原水的质量有很高的要求,因此在应用之前必须对原水进行预处理。

吴华雄等通过对不同浓度含氟废水进行反渗透处理,发现乙酸纤维素膜、低压复合膜等对低浓度(200 mg/L)及以下含氟废水具有良好的处理性能,在循环模式下,其回收率达到要求,出水氟含量达到要求,但对高浓度含氟废水的处理效果不佳。

3.6.3.7　液膜法

液膜法是将液体分为外相、膜相和内相。其除氟机制是:首先利用膜相中的流动载体,与废水中外相的氟离子进行交换反应,然后带有氟离子的流动载体与内相中的试剂发生阴离子交换反应,将其交换出,形成难溶性氟化物,从而实现对氟的去除。

一些学者采用以水为内相煤的油液膜系统来处理高氟废水。采用正交试验法,筛选出最佳因子,并对各因子的作用效果进行了考察。在 30 min 的时间内,F^- 的含量从 0.50 g/L 降低到 0.01 g/L,达到了工业废气的要求。试验结果表明,采用液膜技术处理氟化物废水具有一定的可行性,为今后大规模的试验奠定了坚实的基础。

3.6.3.8　电渗析法

电渗析水处理技术是基于膜分离原理,利用电场作用对水中的离子进行分离的一种水处理技术。通过利用离子交换膜的选择性渗透,在外加直流电场的驱动下,可以实现水中阴离子和阳离子有选择性地迁移,从而达到特定的目的。通过浓度的含盐水逐渐变成淡化水,从而实现水的淡化和除盐。离子交换膜是一种由离子交换树脂制成的薄膜材料,而电渗析法除盐则是一种利用离子交换树脂的除盐技术的特殊应用形式。探究电渗析技术在去除盐水中氟的问题上的应用,结果表明,不需要经过化学处理的方法比经过化学处理的方法更加环保,并且通过电渗析处理后的水质符合相应的水质标准。

当前,针对饮用水中氟化物的消除研究,不仅在改进传统净水技术方面做了很多工作,而且在探索筛选出广泛适用、除氟效果卓越的方法上加大了力度。但是在上述方法中,没有一项普遍的适用于不同区域和不同经济状况的方法,各有所长,各有所短。

对于高浓度含氟废水的处理,电凝聚法和化学沉淀法是两种可行的方法。加入石灰、氯化钙或铝化合物等,形成一种具有胶体性质的沉淀物;用活性炭吸附去除水中的氟化物及金属离子,使其达到国家排放标准后可回用于生产用水。然而,限制其更广泛应用的因素在于,这两种方法在处理过程中对水质的要求较高,同时电凝聚法也存在铝板电极钝化和高耗电的难题。

通常情况下,混凝沉降法仅适用于处理低氟含量的污水。同时,由于它是利用了无机混凝剂与有机高分子混凝剂协同作用而形成的复合絮体,从而提高了对氟离子的去除率。该处理方案具有药剂投放量微小、处理废水量巨大且一次性处理可达到国家排放标准等诸多优点。对于高氟含量的工业废水,可以采用该方法进行预处理。因此,本方法适用于各行各业的工业废水中含有氟元素的情况,需要进行有效的处理。在实际运行过程中,往往不能满足国家规定的二级或三级水质标准。若水中氟含量过高,混凝剂使用量增多,处理成本增加,同时会产生大量污泥。此外,氟离子的去除效果会受到静置时间、混合条件等操作因素影响,同时也受到溶液中 SO_4^{2-}、Cl^- 等阴离子的浓度影响,从而导致出水水质的不稳定性。此外,经过处理后,水中的 SO_4^{2-} 浓度或许会呈现出过高的趋势。

尽管离子交换树脂法可用于除氟,但其效率略低,缺乏选择性,且对水质的要求略高。相比之下,反渗透法和电渗析法效果良好,但其费用高昂、技术复杂,需要大量资金投入,同时还需要持续的电力保障,因此这 3 种方法并不常见。

吸附法因其研究成本低、除氟效果好,一直在含氟废水处理中占有重要地位。吸附是发生在两相界面处的组分浓度变化。吸附剂良好的吸附性能主要是由于其致密的孔结构和其巨大的比表面积,吸附质分子能够与其形成化学键的基团。吸附剂的吸附行为可归纳为物理吸附和化学吸附两大类,这两种吸附方式各具特色。通常情况下,吸附剂的吸附机制与朗缪尔密切相关,而朗缪尔机制则是通过吸附剂表面与吸附质之间的相互作用来实现的。从除氟原料的来源可以将吸附剂分为生物质吸附剂与非生物质吸附剂。生物质吸附剂具有高吸附性且无二次污染,越来越受到人们的关注。其中的典型代表是名为壳聚糖的生物吸附剂。

3.6.3.9 其他除氟方法

1. 水生植物净化除氟方法

尽管植物对土壤大气中氟元素的吸附和吸收已有广泛研究,但对水体中氟元素的吸附研究却相对较为匮乏。大多数水生环境都含有一定量的氟化物,这些氟化物是导致水环境质量下降的重要因素之一。近年来,学者们对水生植物在高氟水源中修复氟元素的能力越来越感兴趣,并开始展开深入研究。目前,已经知道许多种类的水生植物所含的有机物质能有效地将水中的氟转移到沉积物或底泥当中,从而起到降低水环境氟含量的作用。一些学者对金鱼藻和狐尾藻两种沉水植物在不同水体中对氟元素的积累能力进行了研究;有学者将金鱼藻与蓝草混合种植后观察到,金鱼藻能显著降低水中的氟化物含量。一些学者在研究大型沉水植物黑藻时,发现随着与氟接触的时间与浓度的增加,植物体内的氟含量也呈现出逐渐上升的趋势。此外,还有一些研究者通过比较几种沉水植物对于水中氟化物的吸附效果来确定它们的抗氟性。在试验中,部分学者发现紫萍对氟离子的积累能力显著高于黑藻,这一发现为相关领域的研究提供了重要的参考依据,同时,研究发现盐黄花在含氟的海水中培养时,叶子、根茎和根状体的氟含量分布不同,但无显著差异。李日邦等对水稗的渍水和旱作盆栽试验表明,水稗中氟含量为根>叶片>籽粒。可见,氟含量在植物不同组织中分布情况不同。

一些研究学者还进行了氟对水生植物的生态毒理性研究。例如:曾清如等发现,植物受到氟的污染一般会造成植株矮小、生育能力受到抑制。莲花受到一定浓度氟污染时,会造成鲜重下降。而双子叶植物和单子叶植物在受到氟污染的胁迫时,会发生肉眼可见的形态变化,如其植物叶尖和叶缘发生颜色的改变,与健康的叶片形成明显的界限。不仅如此,氟离子还会对植物的光合作用造成影响,如贯叶连翘在氟离子作用下叶绿素逐渐分解,α-胡萝卜素、叶绿 a 等均会随着时间的增加而逐渐减少。

同时,有学者研究指出,叶绿体中氟的积累通过抑制核酮-1,5-二磷酸羧化酶的活性,进而减弱氟对叶绿体的光合作用,以及类囊体膜上 ATP 的活性。

2.改性生物质热解炭吸附法

改性生物质热解炭吸附法指利用生物质作为新能源,对其进行热解,得到生物质残渣的方法。在过去的十几年里,国内许多科研院所对生物质热解技术的发展和产业化做了很多的探索和努力,并已取得了一定的成绩。然而,由于其在制备过程中会产生大量的热解炭,目前已有一些关于利用生物质热解炭作为吸附剂的研究。例如:利用改性生物质热解炭,对水体中的重金属、中性红色以及其他的阳离子型染料进行吸附。

而畜骨裂解后形成的骨炭,其氟离子吸附性能也得到了人们的广泛关注。但是,将其用作吸附剂吸附水中氟离子的研究还不多见。本书采用改性樟子松锯末热解炭作为吸附剂对高氟水源进行处理,既能除去氟离子又能有效地发展樟子松锯热解炭新应用,达到废物利用和避免废弃物对环境污染且经济环保的目的。探索樟子松锯末热解炭的改性条件并进行改性前、后表征,可依据吸附剂吸附条件与原理将该研究用于净化实际高氟水源。

总体来说,地方性氟中毒的主要环节依旧是靠预防。具体应该根据氟侵入的途径不同,采取不同的预防方案。目前,对于饮水性氟中毒地区的预防措施主要是改换低氟水源和饮水降氟。

3.6.4 各种除氟材料

3.6.4.1 离子交换树脂

离子交换树脂是一种在溶液中进行离子交换、带功能基因的树脂。1933 年,Adams 和 Holms 首先研制出酚醛型阴离子和阳离子交换树脂,之后又研制出了聚丙烯酸、苯乙烯、环氧树脂、酚醛树脂、氯乙烯等一系列离子交换树脂。离子交换树脂从分子筛到磺化煤,再到磺化酚醛树脂,再到凝胶聚苯乙烯树脂,再到聚丙烯酸树脂,再到大孔树脂,再到吸附树脂。在工业生产、医疗、环保、食品、国防、军事、原子能等领域,都离不开离子交换技术。大孔离子交换树脂作为一种新型的离子交换树脂,在近 30 年的时间里,因其优良的吸附特性和广泛的应用,成为一个新兴的研究领域。

按照 1978 年《工业化学百科全书》的规定,离子交换树脂各种用途中,有 78% 的用途是水处理,10%~12% 的用途是环境保护(污水处理),3% 的用途是催化剂,8% 的用途是湿法冶金和制糖等。近几年来,随着时间的推移,无论是离子交换树脂还是吸附树脂,其应用都得到了长足的进步。目前,污水和废水处理在各行业中仍然是离子交换树脂的最大使用场景。微电子行业、半导体行业、原子能行业、医疗健康行业都需要超纯水。用于纯水处理的树脂包括含 $r-Fe_3O_4$ 阴离子阳离子磁性树脂、粉末状树脂、高纯树脂、医用树脂、均匀孔树脂、脱硅树脂等。

利用离子交换树脂可以有效去除水中的各种金属离子,达到净化废水和金属离子资源化利用的目的。近30年来,国内外对于如何更好地进行含氟水的高效处理进行了长足的研究,对各种级别的除氟工艺和相关的基础理论研究也有了一些可发展、可应用、可实践的相关成就。总的来说,有两种主要的吸附和沉淀方法。一种较为新颖的氟离子去除方法是通过使用阳离子交换树脂进行吸附。大孔离子交换树脂是一种具有大型孔隙结构的高分子材料,主要用于固体萃取和离子交换等领域,其应用范围涵盖了生物医药和水环境中有机物质的去除和分离。

3.6.4.2　含磷物质

在净水过程中,去除水中含磷物质的方法有多种,骨炭吸附与羟基磷灰石吸附法均属于含磷物质吸附法。骨炭的主要化学成分为磷酸钙,这就是它被用于肥料和牲畜饲料的原因。离子交换是含有磷物质采取吸附法去除氟的机制,在含水的环境中,与磷酸钙结合的碳酸根离子会和其他离子发生置换反应,形成不溶于水的沉淀物,这种方法可以通过溶液再生后重复利用。

3.6.4.3　碳纳米管

1985年,《自然》期刊《Buckminster 富勒烯的C60》刊登了一篇由 Kroto 等获得诺贝尔化学奖的科学家共同撰写的重要文章。日本电镜专家于1991年进行高分辨率测试时,发现了碳纳米管。自此以来,碳纳米管成为世界上最热门的课题之一。碳纳米管材料的制备是当前材料科学、物理、化学等学科交叉融合的前沿课题,具有重要的科学意义和应用价值。自从单层碳纳米管被发现并成功制备之后,碳纳米管尤其是宏观尺度的碳纳米管受到了极大的关注。碳纳米管因其独特的结构与性能而备受关注。

碳纳米管拥有独特的孔隙结构和高比表面积,因此能够作为一种有效的杂质吸附剂。重金属和非金属元素,如铅、铜、铬、汞、砷、锌、氟等,存在于环境中,超出限制将对各种生物具有潜在的危害。因此,在水处理过程中要采用一些方法来除去这些金属离子,其中最有效的方法是吸附法。吸附法之所以备受青睐,是因为其操作简便、经得起实践的考验,目前已广泛应用于去除水污染物。

3.6.4.4　壳聚糖

1811年,H. Braconnot 通过反复使用温热的稀碱溶液对蘑菇进行处理,最终成功地提取出一种类似纤维素的化合物。这种被称为甲壳素的生物活性多糖具有良好的抗菌作用和免疫调节功能。由于其广泛分布于低等动物,特别是节肢动物的甲壳类动物中,所以称为甲壳素,也称为壳蛋白等,若除去55%以上的乙醛基,则称为壳聚糖,化学名称为聚葡萄糖胺[β(1 -4)-2-Amino-2-deoxy-D-glucose]。

壳聚糖,一种源自自然界的生物高分子线性多糖,以其独特的结构和化学性质而著称。它具有优良的生物学特性,无毒无害,可生物降解。至今,它是自然界中唯一一种可供食用的含有阳离子的纤维。壳聚糖具有良好的吸附性能,可用于食品、医药等行业。在其溶解状态下,该单体呈现出正电性质,是地球生态系统中独一无二的自然存在。其主要成分为氨基葡萄糖及半胱氨酸等,具有良好的成膜性,对皮肤有很好的保护作用。壳聚糖在自然界中分布广泛,主要存在于低等植物真菌与藻类的细胞中,也常存在于节肢动物虾、蟹、蝇蛆和昆虫的壳体中。另外,还有许多甲壳类动物也含有大量的壳聚糖及其衍生物,如虾蟹爪胶等。昆虫、贝类、软体动物(鱿鱼、墨鱼等)贝壳、软骨年生物合成资源 100 亿 t,为地球上继植物纤维之后的第二大生物资源。它还含有多种人体必需的氨基酸,以及钙、磷、铁等矿物质和微量元素。超过 10 亿 t 的海洋生物产量呈现出令人瞩目的规模,这是一种源源不断、永不枯竭的生命资源。

壳聚糖在自然界中被两种酶物质完全降解后,进入生态系统的碳氮循环,在地球生态环境调节中发挥重要作用。虽然甲壳素(壳聚糖)资源丰富,价格便宜,但一直发展缓慢,直至日本在 1977 年首次将甲壳素(壳聚糖)应用于污水治理,并于同年在美国波士顿举行了世界上第一次有关甲壳素(壳聚糖)的国际研讨会。由此,大大促进了甲壳素(壳聚糖)的开发与应用。如今,在食品、化妆品、废弃物等领域,壳聚糖得到了广泛的应用。在水处理和重金属回收、生物、医药、纺织、印染、造纸等领域具有广泛的应用前景。近年来,由于壳聚糖充分利用其生物功能性、生物相容性、低毒、生物降解性和可食用性等一系列优势,人们不断扩大其在生物、医药等市场领域的应用,其中很大一部分已经进入实用化或商业化阶段。

(1)壳聚糖在废水处理中的应用,主要表现在:因为它对多种物质有络合吸附的作用,所以它的分子中的氨基和与其相邻的羟基,以及很多金属离子(如 Hg、Ni、Cu、Pb、Ca、Ag 等)可以形成稳定的络合物,它被用于重金属废水的治理、自来水的净化和在湿法冶金中的分离等多个方面。日本是世界上第一个使用甲壳胺进行污水处理的国家,其年用量为 500 t。美国国家环境保护局也已经通过了在饮用水中使用甲壳蛋白的方法。此外,壳聚糖还可以利用络合反应和离子交换的作用,对染料、蛋白质、氨基酸、核酸、酶、卤素等物质进行吸附,可以在各种生活和工业废水中使用,从而对水环境进行净化,保障人们的健康用水。

(2)研究表明,壳聚糖树脂对氟化物的吸附机制为:其对氟化物的去除既有表面吸附,也有离子交换。吸附是在两相界面上各组分的浓度变化,由于其具有致密的孔道结构、巨大的比表面积,以及可以与目标物质形成化学键的基团,所以具有优异的吸附性能。不同类型吸附剂除氟的作用物质不同,其作用机制也不同。本书拟将壳聚糖片制成球形,提高其可吸附的比表面积,并充分利用壳聚糖片表面的稠密微孔和丰富的氨基、羟基等功能基团,实现对氟离子的高效吸附。

一些学者在此基础上,提出了除表面吸附外的离子交换机制。由于 F^-、OH^- 两种不同的电子半径,所以壳聚糖分子中的羟基可与氟离子发生相互作用,从而实现对氟化物的脱除。相对于吸附能力而言,氟化物的交换能力仅占很小的比例。至今,该现象的产生机制尚不清楚,有待于深入探讨。

(3)从甲壳素中制取壳聚糖。传统的甲壳素生产技术主要是从水产养殖废弃物中提取壳聚糖,经脱蛋白、脱钙、脱色后得到甲壳素。在此基础上,相关的研究者们发展出了许多的制备方案,有人将其总结为三步法(去钙、去蛋白、脱色),五步法(二次去钙、二次去蛋白、脱色),以及酸碱交替法(二次去钙和二次去蛋白工艺交替进行)。在这些方法中,酸碱交替法是最好的,比较省时、省力。

(4)壳聚糖的制备。常采用化学法与生物法来去除壳聚糖中的乙基酰。截至目前,采用各种改进的化学方法运用到工业中。在化学方法中,影响脱乙酰度的主要因素是碱浓度、反应温度和时间。化学方法所用碱液浓度高、反应时间长、产品质量不稳定且对环境污染严重。采用传统的化学方法生产壳聚糖,难以获得高脱乙酰度(>96%)的壳聚糖。采用生物法则可更加有效地避免以上问题。

生物法可分两种:一种是在甲壳素的基础上利用甲壳素脱乙酰酶的作用制备出高品质的壳聚糖,这种方法的难点在于甲壳素脱乙酰酶的培养与纯化;利用微生物发酵技术和甲壳素脱乙酰酶的作用生物合成壳聚糖是制备壳聚糖的另一类新途径,可直接得到壳聚糖而无须单独的脱乙酰步骤。

①交联壳聚糖的制备。壳聚糖既具有多羟基又有氨基的线性高分子聚合物,可溶于多种酸性介质中发生降解,这就给壳聚糖的应用带来极大的局限性。为此,人们就将其进行化学改性,以期获得对壳聚糖更加充分的利用,交联就是其中的一种。

常用的交联剂包括环苯二异氰酸酯、氧硫氯丙烷、戊二醛、甲基乙醇、乙二酸双缩水甘油醚。研究发现,在交联后,树脂的一些性质比未交联时有所下降,例如吸附性能,这主要是因为在交联过程中,通常会发生在—NH_2 上,而—NH_2 上吸附了其他大的官能团,会增大 N 原子与金属离子配位之间的位阻,所以在交联之前,需要对所需的主要官能团进行保护。吴蕚等前期研究发现,Cu^{2+} 可与 CTS 形成络合物保护—NH_2,再以戊二醛作为交联剂脱除 Cu^{2+},从而制备出对—NH_2 具有高吸附量的树脂。曲荣君等采用相似的工艺,成功地制备出了一种具有双环氧乙烷交联结构的壳聚糖。他们使用链长度最短——只有 3 个碳原子的环氧氯丙烷(ECH)作为交联剂,以 Cu^{2+}、Ni^{2+} 作为"模板",合成了一系列壳聚糖树脂。其制备过程如下:

首先,将具有高精度称量能力的 CTS 置于含过量金属离子的水中,于室温下连续摇动 2 h,待其冷却后,再将其放置。先将固体过滤出来,然后用 DI 水清洗,直到没有金属离子的硫化钠在其中被检测出来。经干燥后,获得了 CTS-铜、CTS-镍金属络合物。

其次,就拿 CTS-铜来说,先称量出合适的配合物,将去离子水加到它里面,使它在 70 ℃下溶胀 1 h,再将环氧氯丙烷放到 90℃下,慢慢地加热到 90 ℃,搅拌 40 min,将它滴下,冷却并搅拌,并将它过滤掉,接着按水、乙醇(C_2H_5OH)、水的顺序进行洗涤,最后将它换成同样的东西。

再次,向瓶中加入氯化氢静置 0.5 h,过滤,用水冲洗至无金属离子且溶液近乎呈中性,然后用 NaOH 处理 1 h,加入水,使其变成中性的固体,最后将其干燥到恒定重量,得到交联的壳聚糖树脂。结果表明:所合成的共聚物的交联程度与共聚物的比例相关,比例愈大,共聚物的交联程度愈高。在 ECH/CTS 比例相近的情况下,交联程度与所用金属络合物的种类有关。随着交联程度的增加,Cu^{2+}、Ni^{2+} 的选择性增加。

②壳聚糖树脂的制备。近几年来,国内外在制备壳聚糖树脂时采用了以下几种交联法:

a. 离子交联。在此过程中使用到的阴离子交联剂主要有三大类:低分子量的反离子交联剂(如 $H_4P_2O_7$、三聚磷酸酯、四聚磷酸酯、八聚磷酸酯、六聚磷酸酯)、疏水性的反离子交联剂(如海藻酸盐、k-角叉菜胶体等)、大分子量的阴离子交联剂(如辛基硫酸盐、十二烷基硫酸盐、十六烷基硫酸盐等)。

这种方法的基本步骤是:在磁性搅拌的条件下,将甲壳聚糖乙酸溶液用针尖滴入三聚磷酸酯或其他阴离子水中,经滤网过滤后,再用去离子水冲洗干燥即可得甲壳聚糖乙酸。

　　b. 乳化-离子凝胶法。这个方法的一个基本工作流程如下:以壳聚糖水溶液为分散相,将其添加至非水性连续相(异辛烷及乳化剂)中,形成 WPO 型乳剂,在各个时间段内加入 1 mol/L 的 NaOH,形成离子凝胶树脂,然后将其滤出、洗涤、干燥,即可得到壳聚糖树脂。

　　c. 复乳化交联法。其基本原理为:将非水溶性药物分散于壳聚糖水溶液中,使其在乳化过程中被包覆,从而达到封闭的目的。在分配占比多的油相组分中,采用复乳化的方法可以有效地提高包封率。该方法的基本流程为:首先配制 OPW 初乳(药用型壳聚糖非水溶性溶液),将其与油相混合,得到 OPWPO 型乳液,然后与戊二醛混合,脱除有机溶剂,得到壳聚糖树脂。

　　交联壳聚糖树脂是一种无毒、无味、性质稳定的天然高分子吸附剂,它含有大量的氨基功能基团。交联壳聚糖(CCTS)是甲壳素脱乙酰基的产物,甲壳素$[(C_8HO_5N)_n]$和壳聚糖(CTS)的衍生物用来作为金属离子的螯合剂,在水处理中用作絮凝剂、吸附剂和分离膜材料等。

　　综上所述,壳聚糖是一种极具开发潜力的多糖类,其进一步的开发与应用将会使壳聚糖的应用范围更加广泛。在不远的未来,这将成为我们生活中不可缺少的一部分。

第 4 章　氟的卫生标准

4.1　《生活饮用水卫生标准》(GB 5749—2022)中的氟化物

4.1.1　制定饮用水中氟标准的意义

　　制定氟的卫生标准,特别是饮用水中含氟标准的问题,在氟与健康研究的重要课题中最为突出,影响也最为广泛和复杂。影响摄氟量的因素是多方面的,长期以来,由于对其他氟源的忽视,国际饮用水含氟卫生标准存在很大的片面性,如在饮用水中盲目添加氟化物导致副作用等。随着氟中毒研究的进一步深入,人们对氟源的认识不断丰富,过量氟对人体的危害逐渐得到认识,这为正确制定饮用水含氟卫生标准提供了重要前提。应该指出,这一进展花了相当长的时间。早期由于从饮水作为唯一氟来源的角度出发,饮用水的多少已经成为一个更重要的因素,而气候条件直接影响饮用水的量,因此许多国家在制定饮水氟卫生标准时,将气候因素作为划分不同地区间饮水氟含量的主要依据。

　　早在 20 世纪 30 年代,美国口腔科医生 Dean 就发现,氟牙症的患病率随着水氟浓度的增加而增加。1933~1939 年,为了寻求导致氟斑牙的最低氟浓度,先后制定和修订了氟斑牙诊断标准。Dean 调查了美国 5 524 名白人儿童(主要是 12~14 岁)。结果显示:对于氟斑牙来说,1.0~1.5 $\mu g/mL$ 是最好的氟浓度,0.4~0.6 是氟斑牙指数。Dean 于 1949 年表示,有 7 000 个孩子喝了含有 1.0~1.5 $\mu g/mL$ 的氟元素的水,他们的龋病发生率低于国家平均水平的 50%~65%。如果在饮用水中添加 1 $\mu g/mL$ 的氟化物,则不会考虑氟的抗酶活性。国际标准的饮用水中氟含量长期处于 1.0~1.5 $\mu g/mL$ 的水平,这对于饮水中的氟含量及氟含量的测定有很大的意义。

　　事实上,影响氟摄入量的因素很多。饮用水的数量是一个因素,气候条件直接影响饮用水量。因此,有学者利用最高温度来探索水氟的适宜浓度。Dean 调查了从婴儿到 10 岁儿童的平均每日氟摄入量,发现这与平均最高温度有关。他从已知适宜水氟浓度地区资料算出不同体重的人每天的适宜氟摄入量,以此推算出适宜水氟浓度,如表 4-1 所示。

表 4-1　平均最高气温和相应的适宜水氟浓度

每天最高气温年平均值/℉	适宜的水氟浓度/($\mu g/mL$)
50.0~53.7	1.2
53.8~58.3	1.1
58.4~63.8	1.0
63.9~70.6	0.9
70.7~79.2	0.8
79.3~90.0	0.7

计算公式如下：

适宜水氟浓度（μg/mL）= 0.34/（-0.038+0.006 2×每天最高气温平均值）

在此基础上，1962 年美国公共卫生局制定出饮用水氟卫生标准，如表 4-2 所示。

表 4-2　美国公共卫生局制定饮用水氟卫生标准

每天最高气温年平均值		控制范围		
℃	℉较低	适宜	上限	
10.0~12.1	50.0~53.7	0.9	1.2	1.7
12.2~14.6	53.8~58.3	0.8	1.1	1.5
14.7~17.7	58.4~63.8	0.8	1.0	1.3
17.8~21.4	63.9~70.6	0.7	0.9	1.2
21.5~26.2	70.7~79.2	0.7	0.8	1.0
26.7~32.5	79.3~90.0	0.6	0.7	0.8

1962~1977 年，美国的饮用水氟卫生标准主要是根据年平均最高气温来确定的。

4.1.1.1　WHO 建议的饮水氟卫生标准

1971 年，世界卫生组织（WHO）根据美国饮用水氟化物卫生标准，根据每天最高气温的年平均值，提出了饮用水中氟化物控制浓度的上下限标准，如表 4-3 所示。

表 4-3　WHO 饮水氟控制界限的建议

每天最高气温的年平均值/℃	饮水氟控制界限/（μg/mL）	
	下限	上限
10.0~12.0	0.9	1.7
12.1~14.6	0.8	1.5
14.7~17.6	0.8	1.3
17.7~21.4	0.7	1.2
21.5~26.2	0.7	1.0
26.3~32.6	0.6	0.8

4.1.1.2　苏联饮水氟卫生标准及制订依据

根据苏联的调查数据，哈萨克地区氟中毒患病率高于其他地区。1973 年，根据临床生理学和试验的研究结果，他们认为在温带气候条件下，1.5 μg/mL 的氟浓度不仅引起牙齿和骨组织的变化，而且对人体某些酶系统、组织呼吸系统和高级神经活动也产生不良影响。因此，根据不同的气候区域，需要采用不同的标准来确定第一、二气候区的 1.5 μg/mL、第三气候区的 2 μg/mL 和第四气候区的 0.7 μg/mL。如果自来水中添加氟化物，应达到各气候区最高浓度的 70%~80%。

根据 1956 年的饮用水水质标准,氟的最高允许量为 1.5 μg/mL,主要参照苏联等国家标准制定。根据 1958 年小汤山市的调查资料指出,我国饮用水中氟的允许量以 1.5 μg/mL 的氟为标准,在某些地区偏高。根据流行病学调查并参考国外资料,1976 年我国将《生活饮用水卫生标准》(TJ 20—76)修订为不超过 1.0 μg/mL,适宜浓度为 0.5~1.0 μg/mL。

长期以来,水中氟化物的适宜浓度设定在 1.0 μg/mL 左右,对人体无害。事实上,这些标准是基于 Dean 进行的范围设定的。其虽然综合饮水量、气温及气候带来的影响,但水氟仍然是最主要的因素,牙齿质量是单一指标。自 20 世纪 60 年代以来,许多数据表明,1.0 μg/mL 不适合饮用水,甚至不危险(见表 4-4)。表 4-5 说明,在水氟浓度相同的情况下日本的斑釉率比美国的斑釉率要高。

表 4-4　水氟含量与氟中毒的关系

资料来源	水氟含量/(μg/mL)	氟中毒情况/%
日本宝琢地区	0.4~0.5	25.0[**]
日本京都山科地区	0.6	280[**]
北京小汤山	0.5~1.0	10.7[*]
山西太原	0.6~0.8	21.7[*]
湖北恩施	0.21	98.2[*]
云南镇雄	0.1~0.2	20.4[***]
贵阳市郊区	0.04~0.44	97.9[*]
贵州纳雍县	0.05~1.02	19.4[***]
贵州毕节县吉场区	0.1~0.45	25.5[***]
贵州织金县	0.1~0.18	28.7[***]

注:[***]表示氟骨症;[**]表示学童氟斑牙;[*]表示氟斑牙。

表 4-5　日本、美国的斑釉率与水氟含量的比较

氟浓度/(μg/mL)	包括可疑在内/%		极轻以上/%	
	美国	日本	美国	日本
0.1	9	25	0.4	5
0.5	30	65	5	25
1.0	50	100	15	50

值得注意的是,1976 年以来,贵州省毕节、织金等地在氟含量(0.1~0.2 μg/mL)极低的条件下发现了一种新型氟骨症。此后,在湖北恩施、贵阳市郊区陆续有相关的报道。这可能是不同原因导致食物中氟含量偏高,而且每人每日的总氟摄入量明显增加。这些发现表明氟的来源是多方面的。饮用水并不是氟进入人体的唯一介质。除了水,食物中的氟、空气等相关因素也不容忽视。事实上,食品中氟含量的问题已引起人们的关注。四川

省早在 1940 年就报道了 52 种含氟食品。国外对食品中氟含量的测定做了大量的工作。有学者指出,食物和水是氟的主要来源。2001 年西班牙报道了地方性氟中毒,发现西班牙人虽然从废水中摄入氟不高,但其他氟来源的相加作用导致人体摄入过量氟,导致氟斑牙流行。然而,贵州、湖北食物中高氟导致的氟骨症在国内外还未见报道。如果在这些地区执行饮用水含氟 $0.5 \sim 1.0~\mu g/mL$ 的标准,后果不堪设想。例如:根据这一标准,广州市自来水厂在水源氟含量为 $0.2 \sim 0.3~\mu g/mL$ 时,向饮用水中添加氟化物,供水中的氟含量增加到 $0.8~\mu g/mL$。10 年后发现,部分地区氟斑牙患病率高达 40%。当氟添加量降至 $0.7~\mu g/mL$ 时,经过 8 年,氟中毒率达到 52%。因此,广州市人民政府决定从 1983 年 10 月起停止向自来水中添加氟化物。由此可见,有必要根据总氟摄入量制定饮用水含氟标准。

氟以外的因素是氟中毒研究中的另一个重要问题。1965 年,在印度进行了 9 年的调查,指出在同一水氟地区和低水硬度地区,残疾氟中毒患者人数显著增加。内蒙古也有类似报道。此外,一些调查数据表明,在美国只有当水中氟含量为 $3 \sim 4~\mu g/mL$ 时,才会发生氟斑牙;而在印度,氟骨症也可能在这个浓度下发生;在欧洲西北部,氟化物浓度相同,但牙齿氟斑的严重程度要比美国轻。这些情况进一步表明,导致氟中毒以及影响氟中毒严重程度的因素是多种多样的,水氟不是唯一的因素。1962 年,国外学者指出,氟对人体影响的研究应以饮水时间、矿物质混合、年龄、性别、健康状况、职业、营养状况、饮茶等嗜好为依据,以含氟化学品在药物种植中的使用为依据。另外,食物中氟的消化吸收不如家庭焚烧、煤的氟含量、不同食物的氟吸收问题等,都会影响氟中毒的发生和严重程度。这也使我们意识到,对于饮用水中氟健康标准的研究,有两个问题需要特别注意:一个是要考虑自然界中氟来源的多样性;另外一个是要考虑氟以外的其他元素的影响,尤其是微量元素对氟含量高低的影响。

长期以来,人们一直重视水体中氟对人的影响,而忽视了食物和空气中氟含量的作用。Meeluer 在 1949 年估计了食物中氟的摄入量为 $0.2 \sim 0.3~mg$,这一点仍然为人们所接受。直到 1974 年,公布的数据还提到氟摄入量的安全范围相当大,因此食物中氟含量的波动不会造成过大的风险。尽管 Meeluer 还提到,在高氟地区,每天从饮食(除饮用水)中摄入的氟为 $2.1~mg$。Farkas 分析了一些国家每天从食物中摄取氟化物的数据。有人认为,有些数据本身并不具有代表性,但其影响很大。近年来,部分地区食品中氟、氢含量较高,特别是在加氟地区,食物中氟的摄入量不容忽视。例如:有学者指出,每天从食物中摄取的氟化物为 $1.7 \sim 3.4~mg$,不包括饮用水中的氟化物。在我国以食物为主要媒介的氟中毒病区,每人每天从食物中摄取的氟化物最高可达 $8 \sim 38.1~mg$。

在我国一些农村地区,由于大部分室内煤火缺乏排烟设备,室内空气中氟含量为 $0.07 \sim 0.08~mg/m^3$,湖北恩施煤氟含量高达 $249 \sim 889~\mu g/mL$。氟化物作为饮用水健康标准的一个重要组成部分,是随着人们对饮用水氟健康标准不断变化的。

4.1.2　我国饮水氟最高容许浓度的研究

氟是人体必需的元素,但过量的氟会引起中毒。饮用水中氟是伴生氟的重要来源。为此,对饮用水中氟化物的卫生标准进行了探讨,以保证人体健康,但到目前为止还没有得到妥善解决。原因有三:一是国内外对氟与健康的长期研究侧重于预防饮用水中氟缺乏,从而避免龋齿;二是流行病学调查的深度和广度不够;三是缺乏控制饮用水氟浓度的依据。此外,很难区分氟化物的生理学和毒理学限度,因此没有公认的生理需求量。如何确定适合不同地区的氟化物最高允许浓度是一个复杂而紧迫的问题。在我国一些地区,人们发现饮用水中氟化物含量很低。食物中高氟导致地方性氟骨症这一事实引起人们在氟总摄入量的基础上讨论氟中毒以及氟与健康的关系。

1956 年我国饮用水水质标准中,氟的最大允许量为 1.5 μg/mL,主要参照苏联等国家标准制定。根据 1958 年小唐山市的调查结果,如果将 1.5 μg/mL 作为饮用水中的氟允许量,部分地区的氟含量过高。根据 1976 年《生活饮用水卫生标准》(TJ 20—76),氟的适宜浓度为 0.5~1.0 μg/mL,制定 0.5 μg/mL 预防龋齿的方法,而忽略了氟的多源性和总摄氟量,更忽略了氟毒性效应。Dean 以 1.0 μg/mL 饮水氟为国际标准,经过实践,这一标准在许多国家和地区都不适用。20 世纪 70 年代以来,WHO 与一些国家根据气候条件做了修改。鉴于我国是地方性氟中毒严重流行的国家,氟的生理和毒性作用的界限难以划分,当时(20 世纪 70 年代)又是世界饮水加氟最盛行之时,为此,在 1978 年 8 月,由国家卫生部主办,中国医科院环境卫生研究所承办的饮水卫生标准会议上,首次明确了对我国饮水标准进行修订的要求,并由贵阳医学院、四川医学院、辽宁省卫生防疫站共同主持这一课题,同时参加本次协作的还有 18 个省市的 32 个单位,以魏赞道为指导思想,结合动物毒理试验和流行病学调查开展。结果认为我国原有饮水氟含量标准(1.0 μg/mL)偏高,建议调整为 0.6 μg/mL,并取消标准中"适宜浓度为 0.5~1.0 μg/mL"的字句。取消此句,意在避免人们滥用在饮水中加氟的错误。最后卫生部多方考虑后修订《饮水卫生标准》(GB 5749—1985)中氟化物不得超过 1.0 μg/mL。2023 年 4 月实施的《生活饮用水卫生标准》(GB 5749—2022)中仍规定饮用水氟化物不超过 1.0 μg/mL。现行标准除去下限值的原因并非不承认氟的防龋作用,而是"水质标准"只是为限制某些物质超过有害作用为目的,也称为最高容许浓度。在多氟源情况下,人们通过生活和饮食习惯,都能从天然自来水中摄取到所需要的氟。通过以上表述认为,修订的标准是最高容许浓度,即不得超过 1.0 μg/mL。氟含量为 1.0 μg/mL 以下的天然水作为饮用是允许的,不必在天然水、自来水中再加氟。

4.1.3　我国《生活饮用水卫生标准》及其制定依据

4.1.3.1　标准

《生活饮用水卫生标准》(TJ 20—76)中所规定的氟化物适宜浓度为 0.5~1.0 μg/mL,在 1986 年 10 月 1 日颁布实施的《生活饮用水卫生标准》(GB 5749—1985)中规定,饮用水中氟化物的浓度不允许超过 1.0 μg/mL。到了 2007 年 7 月 1 日,开始实施的《生活饮用水卫生标准》(GB 5749—2006),规定饮用水氟化物的浓度也是不得超过 1.0 μg/mL,到了 2023 年 4 月 1 日,开始实施的《生活饮用水卫生标准》(GB 5749—2022)同样规定,生活饮用水氟化物浓度不超过 1.0 μg/mL。这与 1986 年颁布的文件标准内容一致。

4.1.3.2　标准制定的依据

根据《生活饮用水卫生标准》(TJ 20—76),适宜浓度为 0.5~1.0 μg/mL,即当水中氟含量在该范围内时,氟斑牙和龋齿的患病率较低(约 20%),过量摄入氟的主要危害是氟斑牙和氟骨症,氟斑牙比较敏感,因此后续制定《生活饮用水卫生标准》(GB 5749—1985、GB 5749—2006、GB 5749—2022)中的氟标准,是为了预防氟斑牙的流行,标准还参考了国际上普遍采用的 Dean 分度法研究水氟标准的大量数据。一般认为,水氟含量只要不超过 1.0 $\mu g/mL$,氟斑牙患病率属于较低水平,极轻度无着色比例为 90% 以上。饮用水中适宜的氟含量对牙齿具有防龋作用,一般确定饮水中氟含量为 1.0 $\mu g/mL$ 以内,超出这个限值,将对人体健康有影响,尤其是高氟饮用水的广大地区将进行除氟活动,或直接更换水源,这将导致较大的经济损失,因此认为规定不超过 1.0 $\mu g/mL$ 还是比较现实可行的。

4.1.3.3　氟化物对水质感官的影响

在测定饮用水中某一化学物质的标准时,既不能对生物体造成毒性危害,也不能影响水的感官特性。氟化物不会影响水的嗅觉和颜色;氟的味涩,感觉阈值大约是 10 $\mu g/mL$(相当于含 NaF 20 $\mu g/mL$)。有学者进行了氟化物的味觉阈值研究,发现当味觉阈值为 750 $\mu g/mL$ 时,100% 的观察对象都可以识别出其与蒸馏水的不同;而在味觉阈值为 100 $\mu g/mL$ 时为 48.1%;味觉阈值为 10 $\mu g/mL$ 时为 4.3%;味觉阈值为 2.4 $\mu g/mL$ 时为 0.5%。

4.1.3.4　各国饮用水氟含量卫生标准的情况

饮用水氟含量与人体健康密切相关,制定饮用水含氟标准具有重要意义。不同国家的水氟标准存在一定差异。

4.2　大气中氟化物的标准

4.2.1　大气中氟化物的危害浓度

4.2.1.1　对各种植物的危害浓度

在自然条件下,大气中的氟化物含量很低。植物对大气中的氟化物很敏感,它的浓度相当于二氧化硫有害浓度的 1%,就可以使植物受到损害。较敏感的植物如唐菖蒲、松树的嫩叶,5 mg/m^3 的氟化物浓度暴露 1 周就可以受损;5~10 mg/m^3 的氟化物能危害玉米、甘薯等;10 mg/m^3 以上的氟化物浓度可以使很多蔬菜受害。

4.2.1.2　对动物饲料的危害浓度

空气中气态氟化物的平均浓度大约为 0.5 mg/m^3,暴露 4 周左右,就可以使饲料中氟化物蓄积到 40 $\mu g/g$。

4.2.2　某些国家大气氟化物的容许浓度

美国大气氟化物的容许浓度:0.000 7~0.004 mg/m^3(日平均浓度);中国大气氟化物的容许浓度:0.007 mg/m^3(日平均浓度);捷克大气氟化物的容许浓度:0.01 mg/m^3;日本规定了氟化物的大气排放标准为 10 mg/m^3。

4.3　饲料中氟化物的容许浓度

饲料中氟化物的容许量还与食用的期限有关:奶牛常年食用的饲料中,氟化物容许浓度为 40 μg/g;连续食用 60 d 以上的饲料中,平均氟含量不得超过 60 μg/g;食用不超过 30 d 的饲料中,氟化物容许浓度为 80 μg/g。各种动物食饵(饲料)中氟的安全水平见表 4-6。

表 4-6　各种动物食饵(饲料)中氟的安全水平

动物种类/(F⁻, μg/mg)	NaF 及其他水溶性氟化物/ (F⁻, μg/g)	磷酸盐矿物或石灰石/ (F⁻, μg/g)
牛	30~50	60~100
羊	70~100	100~200
猪	70~100	100~200
鸡	150~300	300~400

4.4　我国现行的有关氟化物的卫生标准

我国现行的有关氟化物的卫生标准如表 4-7 所示。

表 4-7　我国有关氟化物的卫生标准

项目	标准	制订依据	备注
饮用水	不超过 1.0 μg/mL	预防氟斑牙及龋齿	《生活饮用水卫生标准》(GB 5749—2022),中华人民共和国卫生部批准,2022 年 3 月 15 日发布,2023 年 4 月 1 日实施
大气	0.02 mg/m³(一次最大容许浓度),0.007 mg/m³(日平均浓度)	对牙釉质的影响	中华人民共和国卫生部、中华人民共和国基本建设委员会、中华人民共和国国家计划委员会、中华人民共和国国家劳动总局批准
地面水	1.0 μg/mL	慢性毒性作用	《农田灌溉水质标准》(GB 5084—2021),2021 年 7 月 1 日试行
污水灌田用水	3.0 μg/mL	对作物蓄积的影响	生态环境部、国家市场监督管理总局联合发布《农田灌溉水质标准》(GB 5084—2021),2021 年 7 月 1 日试行
食品类 粮食:大米、面粉 其他 豆类 蔬菜 水果 肉类 淡水鱼类 蛋类	≤1.0 μg/g ≤1.5 μg/g ≤1.0 μg/g ≤1.0 μg/g ≤0.5 μg/g ≤2.0 μg/g ≤2.0 μg/g ≤1.0 μg/g	卫生部食品氟允许量制订科研协作组根据动物试验及流行病学调查资料,建议每人每日氟的允许摄入量为 3.5 mg。据此,按每日饮水 2 L,氟含量为 1.0 mg 计,并结合食物供应量及其实际含氟情况确定此允许值	《食品安全国家标准　食品生产通用卫生规范》(GB 14881—2013),中华人民共和国国家卫生和计划生育委员会于 2013 年 5 月 24 日发布,2013 年 6 月 1 日实施

第5章　大理典型地区地方性氟中毒调查

5.1　研究区概况

5.1.1　研究区地理概况

大理白族自治州北部的 EY 县,位于云南省西北部,东经 99°32′~100°20′、北纬 25°41′~26°16′。EY 县境全周长约为 340 km,东西最大跨度达到 80 km,南北最大跨度达到 68 km,两条大道——214 国道(三级公路)、大丽高速公路(二级公路)从中穿过。北与剑川石宝山风景区相距 65 km,与丽江风景区相距 138 km,与香格里拉风景区相距 225 km;南与苍山洱海相连,浑然一体。EY 县的县城与昆明市相距 411 km,与大理市相距 73 km。EY 县境内共有县级、乡村级公路 40 条,全长共 1 091.6 km。

县域内地势最高处海拔为 3 958.4 m,最低处海拔为 1 550 m,总地势主要由西北向东南倾斜。三条主要山脉自北向南延伸,马鞍山、罗坪山、西罗坪山分别在该地区的东、中、西;不仅如此,全境盆地(俗称坝子)、河谷错落,根据地势的不同,这些河流和湖泊被分成了三条水系,分别是黑潓江、弥苴河、落漏河。其中,黑惠江、弥苴河水系属于澜沧江流域,落漏河水系属于金沙江流域。该县域总面积为 2 875 km²,其中山区面积约为 2 463.3 km²,占总面积的 85.7%;盆地面积 335 km²(包括 58.94 km² 的湖泊),占总面积的 11.6%;河谷面积约 76.7 km²,占总面积的 2.7%。

EY 县坐落于云贵高原与横断山脉交接之地,由于特殊的地质构造和地理位置,该地区地热资源十分丰富,并且地质活动频发。中生代侏罗纪到白垩纪的燕山运动,初步形成了 EY 县近似现代的地形地貌轮廓,由于新生代喜马拉雅构造运动的影响,本区地形地貌轮廓更加清晰,加上新构造运动的逐步改造,逐渐形成当今的地形地貌。该区域的地貌特征已十分明显,并且随着时间的推移,逐渐形成了今天的县城地貌特征。由于河流的侵蚀和切割,再加上以往的构造活动,形成了六种不同的地貌类型,分别是断陷湖滨盆地、高山峡谷、中山峡谷、低山区、喀斯特和山地洪积扇。

断陷湖滨盆地以自然边界为界,主要有凤羽、洱源、牛街、三营、右所五个领域,但是都集中位于该县的东部,并且以阶梯式展布,海拔为 1 960~2 300 m。盆地之中,河流湖泊纵横交错;而在盆地的周围,则是一座座高耸的山峰,由峡谷相通。从罗坪山到点苍山一线以西、凤羽坝以南,东北的大黑山和南无山,大马鞍山和小马鞍山地区,为高山峡谷主要分布区。这种地貌类型主要有起伏峰峦、幽深河流山溪和 V 形断面等;多数山峰海拔 3 000 m 以上,峰峦高耸,峰顶相对高差 1 000~1 800 m;因主山脉东、西段存在多级剥蚀夷平面、谷底较窄、比降较大,这一地形属于构造剥蚀地形。海拔 2 500~3 000 m 的凤羽坝以东、邓川坝以西、三营坝以东的山地上,形成了许多 V 形峡谷,即中山峡谷的分布区。地处海拔 2 050~2 500 m 的低山区则主要集中在坝区东西两侧,因低山区地形坡度相对平坦,山区半山区的耕地主要集中在这里。

EY 县四季温差小,植物生长旺盛,有明显的干湿两季,属北亚热带高原季风气候类型,立体气候和区域性小气候明显。该地区十分适宜植物的生长,降水量充足,年平均降水达 719.2 mm;光照时间充足,年日照量达 2 061.0~2 439.4 h;气候适宜,EY 坝区(温凉层)年平均气温 14.2 ℃。得天独厚的地理条件与气候条件造就了 EY 县肥沃的土地,EY 县成为动植物最佳的生长之地。这样的优势给 EY 县人民带来了丰富的物产,EY 县也被人们称为“鱼米之乡”“乳牛之乡”“梅果之乡”“兰花之乡”“松茸之乡”。

除了肥沃的土地,EY 县还有一大宝贝——温泉。EY 县城中,常常有热水沿着街道沟渠纵流,温泉更是遍布全城,每到冬春两季,温泉的水蒸气缭绕全城,仿若仙境,令人流连忘返。“三步温泉四步汤,气蒸迷雾似仙乡”这句诗完美地再现了 EY 仙境之境。这让 EY 县又有一个新名字——“温泉之乡”,县城玉湖镇则被誉为“热水城”。坐落在文庙前的篁宫温泉是 EY 的众多温泉中最受人们喜爱的一座温泉,该温泉出水量大,温度高,一年四季温水长流,清亮见底,已被建成游泳池和高档次的双层浴室,到此挑水、沐浴的人络绎不绝。

5.1.2　研究区地质概况

独特的“物产之乡”“温泉之乡”的 EY 县自然也有独特的地质构造,该地区的地质构造是由几个构造体系组成的复合体,即青藏—四川—云南,“歹”字形构造体系的东部中段(方向:北北西)。三江经向龙门山—玉龙构造带西南段为北东向;南岭纬向构造体系西段为东西向。EY 县境内的地质构造主要为北北西向的“歹”字形,部分地区因为经向和纬向构造的影响也发生了一些变化。红河—洱海深大断裂斜穿于 EY 县中部地区,东、西两侧的古生代—中、新生代地层的分布和个别断陷盆地及山川走向的轮廓皆受它的影响。在沿断裂带的两边,发生强烈挤压及片理化现象的不同时期的地层和侵入岩屡见不鲜。苍山、鹤林山、马鞍山等山脉隆起,南北向主山脉分水岭东西两侧,羽状山岭、高岭高耸(多东西向),山麓洪积扇发育,是由于近代地壳受新构造运动的影响,产生间隙性和差异性的升降。

构造运动不仅引起了断裂和褶皱,而且还引起了频繁和多时期的岩浆活动:海西构造晚期,邓川、上邑、右所和三营地区的二叠纪基性、超基性岩浆的喷出,燕山运动期,北衙地区酸性岩浆的小规模侵入,以及三营以西和牛街周围的碱性玄武岩浆的喷发等,这样的现象比比皆是。境内地层从远古界到新生界,除寒武系和自留系地层外均有出露,各类地层均有分布。

5.1.2.1　元古界

前寒武系:主要分布于县境的中部地区和南部地区,也就是罗坪山至点苍山一带。它主要包括一套浅-中深变质岩系,与周围古生代地层为断层相互接触,由千枚岩、绢云母片岩、微晶片岩、云英片岩、变粒岩、大理岩、片麻岩、镁质矽卡岩、结晶白云质岩等组成。

5.1.2.2　古生界

奥陶系：出露于牛街西北华丛山、莲花山一带，由一套滨海–浅海相碎屑岩组成，岩性为白色砂岩及黄绿色页岩。

泥盆系：在牛街、三营东西山，海西海至髦碧湖、哨横、上龙门附近，凤羽东南，邓川、沙坪周围及洱海东岸的发育、青山、双廊等区域广泛分布。主要组成部分为白色白云质灰岩、灰黑色石灰岩、灰色砂质页岩含泥砂岩。

石炭系：在牛街太平、三营西侧、哨横等地出露，岩性为灰色较纯灰岩夹生物灰岩。

二叠系：分布在髦碧湖东山、下山口至应山铺被的三营，右所两乡镇接壤的地段，凤羽乡东山，右所东西两侧山地及江尾、双廊乡境内。

5.1.2.3　中生界

三叠系：杂色千枚岩、砂岩和酸性火山熔岩出现在 EY 县城后山和罗坪山东坡下部；灰色白云质灰岩、灰绿色细砂岩、泥质灰岩、紫色砂岩、砂岩泥岩互层出现在牛街、三营、右所东部山地。

侏罗–白垩系：主要分布在黑惠江以西的乔后、西山、炼铁等镇的大片地区，是一套以陆相与海相沉积为主的红色岩层。

5.1.2.4　新生界

下第三系：主要分布于黑惠江东岸炼铁至乔后一线，在髦碧湖、三营、牛街等境内有些许出露。

上第三系：分布于牛街、三营、髦碧湖、玉湖等盆地周边，山的下部是含煤系地层。

第四系：分布在盆地、河谷、沟谷出口等低凹地带。

EY 全县各种盐类、岩层分布的百分比大体为：沉积岩占 76%，其中页岩、泥岩占 50%，碳酸盐占 26%；变质岩占 14%；火成岩占 10%。

5.1.3　研究区水文地质概况

研究区水文地质条件较为复杂，该地区地下水类型和含水层(组)的空间分布受到本地的地质构造控制，而地下水的运动条件和聚集程度则由次级构造痕迹决定。EY 东部地区有集中的地下温水，根据地质构造，EY 东部地区南北隆起带的温泉区位于黑惠江裂谷以东，是东部隆起带与中生代和新生代沉降带的缝合线，是青藏川滇巨大的"歹"字形构造体系和南北构造系统的复合部分。该地区的构造复杂多变，在晋宁和喜山期有几个阶段的岩浆活动和变质作用强烈，还有混合岩石沉积和频繁的地震活动。地热异常明显，其特点是水温高、流量大、露头集中、热液活动强烈、水化学成分复杂。

5.1.3.1　影响地下热水形成的因素

地下热水的生成、富集和排泄受到地质构造的控制，热水的空间分区由构造系统决定，热水的生成和运移则由次级构造痕迹、岩浆岩界面以及不同方向和力学性质的断裂面的交汇处制约。

(1)构造系统的影响。区域构造系统对 EY 区域热水的形成和分布模式有重大影响。该地区的地质构造是南北走向的山体，包括喜马拉雅山时期的喷出岩、地震和温泉活动也呈该走向。在山系的西部边界发现有黑惠江大断裂。三营—洱源地区位于南北、北北西"歹"

字形分布和东西构造系统的复合部分。五充街—洱源—九台—连城的南部和山口地区的下部被三营地区北部的南北和东西构造系统切断,南北向和北西向"歹"字形构造系统斜向连接。

该地区也是喜马拉雅山时期最活跃的地区之一,有 3~4 震级的中浅源地震活动,形成了牛街—三营和洱源—九台两个地热中心。

(2)次级断裂带的影响。本区主要断裂带普遍具有挤压性强的构造面和严密封闭的断裂面,形成以糜棱岩结构为主的致密构造岩,具有良好的隔水隔热性能,相对不容易发生深部热液侵入,因此主要断裂上温泉露头较少,尤其是中、高温温泉。

(3)地貌条件的影响。该地区的温泉主要出露在盆地边缘和河谷两岸等低地势地区,这些地区沿袭了构造线。所有观测到的温泉都位于南北向或北北西向方向的直线上,与区域地貌成因类型的边界相对应,有些温泉也位于中坡的沟壑旁,由于基岩裸露,热量散失迅速,水温较低。与构造岩、火成岩等相互配置下,通常在河谷地带暴露出中温泉和高温泉,一般在地势较高的地方较少见。

5.1.3.2　EY 地区的地下热水分区和水化学特征

EY 地区的地热区位于热水区,该地区呈南北向隆起,位于黑惠江大裂谷的东部。黑惠江大裂谷是东部隆起带与中部新生代低地之间的缝合线,沿线有混合岩层。该地区南北向构造系统的次级构造痕迹与黑惠江大裂谷的南北走向平行。古生代以前的地层分布是以断层块的形式被几个岩浆面侵入的,岩浆岩从晋宁到喜马拉雅山期分布。有关资料显示,牛街地区含有喜马拉雅山玄武岩,向北和北北东向分布,在三营—洱源盆地底部有大面积的多相岩浆侵入的玄武岩,这类玄武岩中的氟化物主要在角闪石中,其次是磷灰石,其氟化物含量也较高。随着岩浆的演化,岩浆矿物和残留物的氟化物含量增加。盆地周围有非常丰富的碳酸盐型的含水层(组),前者为地下热水提供热源以及热水循环通道,后者为地下热水提供补给源,而中生代和新生代的碎屑岩层、冲积黏土层则提供了良好的保温覆盖。这三个要素的有机结合形成了一个良好的热储结构。在当地盆地底部的隆起带,与断裂面接触的凝灰岩和火成岩的热通密度很高。

三营—洱源热水区位于三营—洱源盆地中部,北起牛街,南至洱源,以武充街为西界,东至连城。它南北长 18 km,东西宽达 10 km。盆地的南端向西北方向突出,整个热水区类似一个"勺子"形状。第四纪系统的盆地厚度为 200~350 m,其下的南北向压缩断裂和扭转断裂被截断,并由东西向断裂连接,因此下层石灰岩、变质岩和玄武岩呈菱形。炼渡温泉和三营火焰山温泉都位于牛街—三营热水区的中心,九台井温泉与九气台温泉则位于洱源—九台热水区中心。三营火焰山和九台井温泉水温分别为 80 ℃和 74 ℃。三营火焰山温泉的自然流速是 3.75 L/s,而九台井温泉的自然流速为 41.248 L/s。相比之下,该地区热水的化学类型很复杂,水的类型以 $HCO_3 \cdot SO_4-Na$ 为主,矿化度通常在 1 g/L 左右。此外,地下热水具有深循环和强淋滤的水文地球化学特征。岩溶水是热水输入的一个来源,地下热水的成分以重碳酸盐为主,随着地下热水温度的升高,硫酸盐含量也在增加,这也表明地热流体中含有大量的挥发性成分,如硫和硫化氢,这些成分是从岩浆中分离出来的。在它们迁移到表面的过程中,经过一系列氧化反应形成硫酸根离子,脱硫效果随着温度和压力的升高而降低。钾、钠、钙、镁等阳离子主要是通过地下热水向地表迁移过程中对围岩进行浸出而获得的。酸性岩浆中钾、钠、氟和二氧化硅的含量通常较高。EY 县温泉露点多、水温高、水化学类型复杂的根本原因是构造系统的多级连接和重组,以及南北向主要断裂斜穿断裂湖盆区。断层带附近频繁的地下热水活动、$HCO_3 \cdot SO_4\text{-}Na$ 型地下水的大规模分布、多阶段岩浆侵入,特别是喜马拉雅火成岩的侵入,以及良好的热储地层结构,为该地区温泉水的富氟提供了有利条件。

5.1.4　研究区氟中毒概况

EY 县位于云南省西北部,隶属大理白族自治州,地处其北部。地方性氟中毒长期以来一直受到各部门的关注,1983 年、1987 年和 1997 年三次对地氟病进行了流行病学调查。2003 年 6~7 月,云南省、州、县防疫人员对 EY 县 4 个乡(镇)的 26 个自然村进行了地方性氟中毒流行病学调查。

本次研究选取的某镇宁湖小学、某台小学、某乡仕登小学、某镇牛街小学和某镇三枚小学、某水小学的在校学生作为研究对象,以及当地出生的 8~12 岁的在校学生。结果共检查儿童氟斑牙 1 085 例,牛街和仕登氟斑牙患病率都在 60% 以上;玉湖和右所氟斑牙患病率<30%,其中九台和江干在 70%~90%,温水村氟斑牙患病率为 100%。本次实地调查发现,年龄越大、饮用高氟温泉水时间越长,氟中毒就越严重,尤其是中老年人。总之,当时的两次调查和本次实地调查都表明,温泉水附近居民的地方性氟中毒情况仍然相当普遍和严重。

5.1.5　研究区的采样情况

本次研究所选取的采样点主要是 EY 县地方性氟中毒最具代表性的某街乡、某营镇、某所镇和某蓈湖镇等,通过 GPS 定点,基本范围为 N26°00′~26°14′、E99°56′~100°02′。所采集的样品有温泉水、土壤、粮食、蔬菜和牛奶等(见表 5-1)。

表 5-1　样品表

序号	编号	类别	采样地点
1	S-1	温泉水	EY 某所镇温水村澡堂
2	S-2	温泉水	EY 某所镇温水村主要温泉,又称大井
3	S-3	温泉水	EY 某所镇翠竹村
4	S-4	温泉水	EY 某所镇温水村农户杨某家
5	S-5	温泉水	某山口村陈某家门口合用井
6	S-6	温泉水	EY 某营镇仕登村火焰山温泉
7	S-7	温泉水	EY 某牛街乡牛街村炼渡公用温泉
8	S-8	温泉水	某街村去风塘公用温泉
9	S-9	温泉水	EY 某蓈湖镇江干今公用温泉
10	S-10	温泉水	EY 某蓈湖镇玉湖城北温泉
11	TR-1	土壤	EY 某所镇温水村澡堂旁农田

续表 5-1

序号	编号	类别	采样地点
12	TR-2	土壤	EY 某所镇某竹村农田
13	TR-3	土壤	某山口村合用井旁农田
14	TR-4	土壤	EY 某营镇仕登村火焰山温泉旁农田
15	LS-1	玉米	某水村杨某家
16	LS-2	大米	某水村杨某家
17	LS-3	蚕豆	某水村杨某家
18	LS-4	带皮大米	某水村杨某家
19	LS-5	大米	某所镇三枚下山口村炳某家
20	LS-6	大米	某所镇三枚下山口村炳某家
21	LS-7	玉米	某所镇三枚下山口村炳某家
22	LS-8	大米	某街乡牛街村炼渡公用温泉张某家
23	LS-9	玉米	某街乡牛街村炼渡公用温泉张某家
24	SC-1	白萝卜	EY 某所镇温水村澡堂旁农田
25	SC-2	青菜	EY 某营镇仕登村火焰山温泉旁农田
26	SC-3	蒜苗	某山口村陈某雄家门口合用井旁农田
27	SC-4	萝卜叶	EY 某所镇温水村澡堂旁农田
28	NG-1	脊椎骨	某蒗湖镇玉湖城北牛菜馆
29	NG-2	膝盖骨	某蒗湖镇玉湖城北牛菜馆
30	NG-3	肋骨	某蒗湖镇玉湖城北牛菜馆
31	NN-1	牛奶	某街乡牛街村炼渡公用温泉农户 1
32	NN-2	牛奶	某街乡牛街村炼渡公用温泉农户 2
33	NNBY-1	牛奶	某街乡去风塘公用温泉农户 1
34	NNBY-2	牛奶	某街乡去风塘公用温泉农户 2

从表 5-1 不难看出,为了真正系统地找到影响当地地氟病问题的主要因子,本次采样把与当地居民生活健康联系最紧密的温泉水、粮食和蔬菜作为采集的重中之重,占了很大一部分。其中,采集的土壤、粮食、蔬菜和牛奶样品均来自当地,并都分布在温泉点附近;土壤为当地农田的耕作土;EY 县以养奶牛为主,基本不养黄牛,当地奶牛一般不进行宰杀,市场上的牛肉制品一般来自于外地,此次在 EY 县某餐馆所采集的牛骨来源地也不是很明确,后文对牛骨氟含量所测的数据在本书中只作参考。

采集样品比例如图 5-1 所示。

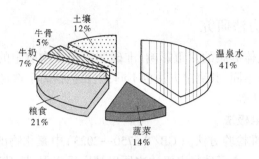

图 5-1　采集样品比例

5.2　制定大理 EY 地方性氟中毒的调查方案

饮水型地方性氟中毒是我国影响最多、危害最广的地方流行性疾病，而温泉型氟中毒又是其中较为常见的一种地方性疾病。饮水型地方性氟中毒在我国西南地区非常严重，云南地区氟中毒发现已经有几十年之久，至今未完全解决。除当地经济落后和生活方式的原因外，找到其主要的致病因子应该是解决问题的关键，温泉水与地表水不同，地下水体具有层次性，由于岩性的差异和地质构造本身的特点，温泉水的氟含量与地表水具有悬殊的差异。在热液的作用下，地下水氟含量一般都高。例如：在法国，至少有 10 处水温在 50 ℃ 以上的温泉水氟含量高达 9 μg/mL。很多资料显示，温泉水氟含量随温度增高而增加。这就使得对温泉水地区的地方性氟中毒的研究更具有复杂性。

5.2.1　调查研究的程序及方法

5.2.1.1　访谈

首先对调查区的各类人员，如温泉水的管理者，温泉周边居住的居民、农民进行走访。访问的内容主要包括：温泉水在历史上和现在饮用的情况，周围环境中植物（包括农作物和自然植物）、动物（主要是家畜）和人体有什么异常情况。总之，一切与当地温泉水发生联系、接触的环境因素和有机体都尽可能地包括在内。

5.2.1.2　野外考察

通过实地考察对访谈所得到的印象进行对比分析和验证，了解其表现特征，以增强感性认识，特别注意观察植物（农作物）和动物（人和家畜）是否有受害症状及其表现特征。

5.2.1.3　采样

采样要尽可能做到在同一地点同时采集温泉水、土壤、植物、动物等样品，必要时还要收集空气样品。各介质应尽可能具有立体概念的"完整剖面"的样品。需要指出的是，这种完整剖面只适合于土壤和植物。

5.2.1.4　样品分析和资料整理

样品分析是取得数据的最后一环，也是关键一环。采用何种方法需慎重考虑。不同对象的样品，其处理程序和分析过程略有不同，但基本原理大同小异。

5.2.2　氟的测试方法研究

由于氟化物对人体健康的双重影响,准确测定相关物质中的氟化物含量极其重要。被测样品的基质成分不同,其测定方法也不同,主要包括离子选择电极法、分光光度法、离子色谱法、气相色谱法等。

5.2.2.1　离子选择电极法

《生活饮用水标准检验方法》(GB/T 5750—2023)中氟化物的测定方法有两种:离子选择电极法和比色法。离子选择电极法之所以被广泛应用,是因为它具有选择性好、应用范围广、准确便捷,同时不受水样浊度以及色度等因素影响等优点。

氟离子选择电极的敏感膜是在 LaF_3 单晶粉末中加入少量的 Zn^{2+} 和 Ca^{2+},然后经过高压形成的电极隔膜,是一种典型的晶体膜电极。内参电极为 Ag-AgCl,内参溶液为 0.001 mol/L 的 NaF 和 0.1 mol/L 的 NaCl,以及少量的 AgCl。氟电极对 F^- 线性的响应范围为 $5×10^{-7}$~$5×10^{-1}$ mol/L,电极的选择性非常高,NO_3^-、Ac^-、PO_4^{3-}、HCO_3^-、SO_4^{2-} 和卤素离子等都不会干扰氟化物的测定,而 OH^- 会干扰氟化物的测定,当 $[OH^-]>[F^-]$ 时会产生以下化学反应:

$$LaF_3(固)+3OH^- \rightleftharpoons La(OH)_3(固)+3F^-$$

反应中 F^- 的生成会增大试样中 F^- 的浓度,当酸度过低时 F^- 与 H^+ 发生反应会生成 HF 或 HF^{2-},降低溶液中 F^- 的活度,从而影响是否能准确测定 F^-。某些高价阳离子(例如 Al^{3+}、Fe^{3+})能与 F^- 生成配合物,也会产生干扰。在实际操作中,常用来控制被测样品 pH 值的是柠檬酸盐的缓冲液,此外,柠檬酸盐还可以与铁、铝等离子生成配合物,从而去除氟离子与其生成配合物所造成的干扰。测定溶液的 pH 值的范围为 5~8,离子选择电极法原理是通过测量时由敏感离子的膜和溶液建立的相界面电势差完成的。当氟电极与测试溶液接触时,电池的电动势(E)会随着溶液中氟离子浓度的变化而发生相应的变化。当溶液的总离子强度变为固定值时,将满足以下关系:

$$E=E_0-2.303RT / FlgCF^-$$

在上述关系中,E 和 $lgCF^-$ 呈线性关系,2.303 RT/F 是线和电极的斜率,这代表了该方法的灵敏度。该方法的测定上限为氟含量(以 F^- 计)1 900 μg/mL,最低检测限为 0.05 μg/mL。

值得注意的是,这种方法中离子强度缓冲溶液的量很大,它被广泛应用于日常工作中,通过降低离子强度缓冲溶液来提高经济效益具有明显的现实意义。

5.2.2.2　分光光度法

分光光度法的原理是在氟试剂与 La^{3+} 和 F^- 的紫红色络合物反应下产生蓝色三元配合物,随着氟含量的增加,蓝色逐渐加深。当 pH 值为 4.0~4.6 时,蓝色三元配合物在水-丙酮混合溶剂中的最大吸收波长为 610~620 nm。与茜素锆目视比色法相比,该方法灵敏度更高,非常适用于较低浓度氟化物的测定。

由于该方法使用的试剂种类有限,操作简单,颜色稳定,因此在日常工作中被广泛使用。该方法是测定饮用水中氟化物含量的常用方法。罗碧芳在研究过程中发现,标准系列的相关系数对测试结果至关重要。经过多次反复试验,最终证实添加氟试剂的量对其有非常大的影响。研究结果表明,改进方法的相关系数 r 值通常为 $0.999\sim0.9999$,而国家标准方法的 r 值通常介于 $0.99\sim0.999$。可以看出,改进后的方法与原来的方法比较,具有更好的试验效果。pH 值为 2.76 的氨基乙酸-盐酸缓冲溶液中,Fe^{3+} 起到对 H_2O_2 的氧化的催化作用。游离 F^- 与 Fe^{3+} 形成的稳定配合物可以起到抑制催化活性作用,抑制程度与 F^- 的量呈线性关系。

5.2.2.3　离子色谱法

离子色谱法的原理主要是由于分离柱对各种阴离子的亲和度不一致,所以可以通过它将各离子进行分离。通过这个方法可以分析测定水中 F^-、Cl^-、NO_3^-、SO_4^{2-} 等离子的含量。离子色谱法可以通过采用自动进样器和软件控制,做出定性定量的分析最后生成报告,这种方法自动化准确度高、重复性好,由它取代人工操作,不仅避免了人工操作的失误,而且很大程度上提高了工作效率。然而,离子色谱法也有一些缺点,如成本高、仪器稳定时间长、分析成本高、对测试样品中的悬浮固体要求高(必须小于 0.45 μg 以防止注射系统堵塞)。此外,如果水样中存在高浓度的低分子量有机酸,则有必要在添加标准品后对其进行测量,因为当保留时间和测试成分相似时,一定范围的有机酸可能会干扰测定。如果具备实验室条件,通常可以使用离子色谱法来测定水中的氟化物含量,这不仅可以定量分析其他离子,还可以大大节约时间成本。朱强华等利用离子色谱法进行了一次试验,选择碳酸钠-碳酸氢钠溶液作为洗脱剂和样品吸收剂,用电导检测器测定空气中的氟化物。试验结果表明,在 $0\sim20$ μg/mL 范围内线性良好,检出限为 0.05 μg/mL,$r=0.9998$ 时相对标准偏差为 $0.28\%\sim0.5\%$,回收率为 $96.13\%\sim99.6\%$。

5.2.2.4　气相色谱法

测定无机阴离子通常选用 GC 作为辅助方法。通常情况下,阴离子首先被转化为具有强检测性的挥发性和中性衍生物。在试验中,F^- 通常由三甲基氟硅烷通过亲核取代得到,然后用 GC/FID 进行分析。李翠波等采用衍生化气相色谱法测定空气中的氟化物。大气中的氟化物被定量衍生为有机氟化物,并通过气相色谱法和氢火焰电离检测器进行测定。结果表明,当气体提取量为 40 L、分析进样量为 1.0 mL 时,检测限(相当于 3 倍噪声含量)为 0.0010 mg/m³,线性范围为 $0.05\sim20.0$ μg(可满足环境空气中氟化物的测定),$r=0.9999$,变异系数(C_v)为 $1.3\%\sim3.3\%$,加样回收率为 $94.6\%\sim100\%$。该方法简单、高效、灵敏度高、准确度高。

5.2.2.5　比较

氟化物对人体健康影响很大,因此需要准确测定氟化物含量,实现更好地控制氟化物而不危害人体健康的目的。氟化物的测试方法有很多,不同方法有各自的优势和不足,并存在着差异。其中,离子选择电极法操作简单、快速且价格低廉,在所有测试方法中最为常见;离子色谱法由于其准确性、重复性好和自动化程度高等特点,也常被有条件的试验采用。

相比之下,气相色谱法的使用范围较小,在使用中被较少使用。对于本次所采用的液体样品直接就用离子选择电极法,对于固体样品使用高温水解-离子选择电极法。

5.2.3　本书试验测氟方法

对液体中的氟测定比较简单,直接用离子选择电极法就可以测定。而对于固体物质中的氟测量较为复杂,使用高温水解–离子选择电极法。高温水解–离子选择电极法是GB/T 4633—2014 的测定方法中推荐方法。其原理是固体样品在氧气和水蒸气混合气流中燃烧和水解,固体物质中氟将全部转化为挥发性氟化物(SiF_4 及 HF),其中一部分溶于水中。

高温水解–离子选择电极法一般采用饱和甘汞电极作为参比电极,而以氟离子选择电极作为指示电极,控制条件进行电解。读取结果后用标准曲线法测定样品溶液中氟离子浓度,从而算出反应前固体物质中的氟含量。下面先对本次试验中所使用的装置与试剂进行介绍。

5.2.3.1 测量装置与仪器

测量系统主要由两部分组成,包括高温燃烧水解装置与电位测量装置。高温燃烧水解装置的主要部分是管式电阻炉的电感耦合温度控制装置。电位测量装置包括 PF-1 型离子选择电极(测量范围 $10^{-1} \sim 10^{-6}$ mol/L)、232 型饱和甘汞电极、PX-450 型离子计和85-2 型温控磁力搅拌器,分别如图 5-2 和图 5-3 所示。

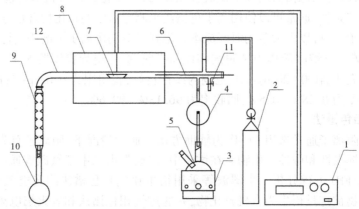

1—电感耦合控温器;2—氧气瓶;3—调控电炉;4—防溅球;5—锥形瓶(3,4,5 为水蒸气发生装置);
6—进样钨棒;7—燃烧舟;8—管式电阻炉;9—冷凝管;10—容量瓶;11—放水口;12—石英管。

图 5-2 高温燃烧水解装置

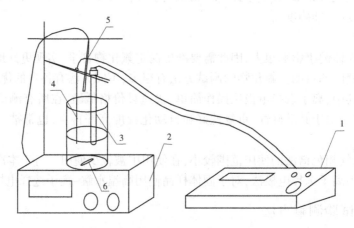

1—离子计;2—控温磁力搅拌器;3—氟离子选择性电极;4—参比电极;5—控温传感器;6—搅拌子。

图 5-3 电位测量装置示意

5.2.3.2　试剂和材料

氟化钠标准储备溶液(该标准溶液每毫升含氟 1 000 μg):称取 2. 210 1 g 氟化钠(AR),提前在 120 ℃下烘烤 2 h,加水溶解,定量测定后转移至 1 000 mL 容量瓶,加入非离子水稀释至刻度,摇匀,倒入聚乙烯瓶中备用。

氟化钠标准工作液:根据需要,用上述氟化钠标准储备液配制 10 mg/L 或 2 mg/L 含氟标准工作液,储存在聚乙烯瓶中备用。

离子强度调节剂(TISAB):称取 145 g 氯化钠(CR)、7. 35 g 柠檬酸三钠($Na_3C_6H_5O_7 \cdot 2H_2O$)(CR),量取 143 mL 冰乙酸(CR)溶于水中,缓慢加入 40%氢氧化钠溶液(容量瓶用自来水冷却,防止 NaCl 在过高温度下分离),用酸度计测量 pH 值,将 pH 值调节至 5.0~5.5,最后用非离子水将体积固定到 1 000 mL。

石英砂:分析纯度,压碎至约 100 目。

氧气:普氧,纯度超过 95%。

5.2.3.3　试验步骤

1. 测固体样品步骤

1)样品的前处理

生物样品(蔬菜、粮食和牛骨):先用清水进行洗涤,再用去离子水清洗,在 60 ℃条件下干燥,进而粉碎、过 100 目筛保存和备用。

毛发:先用洗涤剂浸泡 2~3 h,然后用自来水进行清洗,再用无离子水清洗,最后剪碎、晾干后备用。

土壤样品:先放实验室自然晾干,将里面的杂物挑出,再进行粉碎,过 100 目筛备用。

2)高温燃烧水解

在连接好设备后,检查电路、水路、气路以及系统气密性。打开管式电阻炉烧至 1 000 ℃(注:土壤样品需要烧到 1 100 ℃),在装置内通入水蒸气、氧气持续 15 min,使高温燃烧水解装置为水蒸气所饱和。称取干燥的固体样本(土壤:0. 150 0 g;生物样品:0. 800 0 g)和石英砂(土壤:0. 150 0 g;生物样品:0. 600 0 g)。完成之后将装有 15 mL 氢氧化钠溶液的 50 mL 比色管放在冷凝管下端冷凝。接下来把放好样品的燃烧舟推进管式石英管中,不同样品在推入的时间和位置上是不同的。需要特别注意的是,对于生物样品(粮食和蔬菜),首先,将燃烧舟或石英舟推到管状电炉的高温区域,静置 2 min,使样品缓慢燃烧碳化。其次,将一半的燃烧舟推入高温区域,让其停留 3 min。再次,将所有的燃烧舟推入高温区域,让其停留 3 min,以避免爆炸。最后,将燃烧舟推到高温区的中间,继续停留 12 min;如果是土壤样品,可以将放置样品的燃烧舟或石英舟直接放置在高温区 5 min,然后直接推入高温区间 15 min。在整个操作过程中,控制蒸馏瓶中水的蒸发,使比色管中的液体控制在(41±3)mL。燃烧和水解后,取出燃烧舟或石英舟,取出比色管,在比色管内加入 1~2 滴 0.5%酚酞指示剂,用 2 mol/L 硝酸中和至红色消失,加入 5 ml 离子强度调节剂,用去离子水稀释至 50 mL,摇匀,备用。空白除不加样品外,其他均按上述操作同样处理。

3)测量电位和绘制标准曲线

在一系列 50 mL 的比色管中,分别加入 1 mL、2 mL、5 mL、10 mL、20 mL 含 2 μg/mL 或 10 μg/mL 氟化物的标准溶液,加入 5 mL 离子强度缓冲溶液,用去离子水定容至刻度,在摇匀后倒入 50 mL 烧杯中,加入搅拌器,插入氟离子选择电极和参比电极,启动搅拌器,待电位稳定(电位值变化小于 0.1 mV/min),记录电位值,以电位值为横坐标,以氟化物浓度的对数值为纵坐标,用计算机绘制标准曲线。

4)样品测定与结果分析

样品溶液测定同标准曲线绘制部分,结果用计算机按下式计算:

$$C = 50 \times (M - 空白)/G$$

式中,C 为环境样品氟含量,$\mu g/g$;50 为吸收液定容体积;M 为标准曲线查得的氟含量;G 为称样量,g。

5)试验过程中的影响因素

在燃烧水解过程中,固体样品中的氟分解转移需要两个过程:①挥发过程是生物样品中有机物燃烧的过程中,氟化物从固态挥发成气态;②水解过程是挥发过程中产生的气态氟化物与水蒸气结合(水解)的过程。经过挥发过程和水解过程,固体样品中的氟定量地转移到冷凝中。下述几个因素对高温水解过程的影响大都可以从挥发和水解两个方面考虑。

(1)燃烧水解时间的影响。试验表明,经过 15 min、1 000 ℃(生物样品)或 1 100 ℃(土壤样品)高温水解产物,再经过高温水解-离子选择性电极法测定氟含量,其结果是低于检出限的。证明该方法测固体氟含量 15 min 时间是足够的,过长时间不必要,会增加控制冷凝液总量的难度,影响测定效果。

在这 15 min 中,土壤样品可以分两次推入,生物样品要分三次逐渐推入达到恒温区,这是非常必要的。如果生物样品被送入恒温区的速度过快,生物样品会发生爆燃,很容易吸附于装置内壁上或直接喷入冷凝管污染冷凝液;如果生物样品被送入恒温区的速度过慢,则不能保证样品在恒温区停留的时间,可能会使测试结果偏低。

(2)燃烧温度的影响。水解温度达到 1 100 ℃,土壤样品中的氟化物基本挥发完全;水解温度达到 1 000 ℃,生物样品中的氟化物基本挥发完全。水解温度提高不能进一步提高测定结果。同时,过高温度会造成能源的浪费,也会损害燃烧水解的装置。因此,燃烧水解温度一般以 1 000 ℃、1 100 ℃ 即可。

(3)氧气流量会对试验结果产生影响。足够的氧气流量可以保证高温水解装置内的氧气,这样样品才可以燃烧充分。

如果氧气流量低于 200 mL/min,燃烧管内形成还原性的环境,样品不能燃烧充分,进而会导致样品中的氟不能完全释放,造成测试结果偏低;而当氧气流量超过 500 mL/min时,燃烧水解气体的产物会缩短在冷凝管中的时间,这样导致冷凝效果不佳,进而造成测试结果偏低。试验过程中,一般推荐氧气流量控制在 400 mL/min 左右较为适宜。

(4)水蒸气的影响。在高温水解过程中通入水蒸气,其作用主要有两个方面:一方面是溶解吸收挥发物,并使其脱离高温区,随水蒸气冷凝而被收集。为了充分吸收气态氟化物,高温水解装备内必须漫流流动水蒸气;否则,没有水蒸气或水蒸气量不足,会使氟化物不能进入冷凝水中而溢出系统,或者吸附在系统内壁而不能进入冷凝水中,两者都会使测定结果偏低。另一方面,水蒸气使挥发出的氟化物及时远离反应系统,能够促进氟的挥发,使反应进行得更充分。

(5)电位测量系统的影响。电位测量是高温水解-离子选择电极法测定固体样品中氟的关键步骤。高温水解将固体样品中的氟转移到冷凝管中,最终要用氟离子选择电极测定冷凝电位以得到氟离子的浓度。影响电位测量系统的因素较多且复杂,有些与测量仪器本身的系统及稳定性有关,有些与测试液体的物理化学性质有关。合理控制测量条件,排除各影响因素对于氟离子测定的各种干扰是获得准确可靠氟浓度结果的关键环节。氟离子选择电极电位测量结果影响因素主要有试液的 pH 值、干扰离子和温度。

(6)试液 pH 值的影响。

根据氟离子选择电极法测量原理,当试液的 pH 值较高时、OH^- 的浓度大于 F^- 浓度的 1/10 时,会产生干扰。OH^- 与 LaF_3 晶体膜发生如下反应:

$$LaF_3 + 3OH^- \rightleftharpoons 3F^-$$

发生反应后会影响电极的响应强度,释放出氟离子,造成试液中氟离子增加,使测定结果偏高,将引入正误差;当试液的 pH 值较低时,高浓度的 H^+ 将与被测试液中的 F^- 发生下列化学反应:

$$H^+ + F^- \rightleftharpoons HF$$

此化学反应会造成被测试液的氟离子变成分子态的氟化氢存在,从而使试剂液中 F^- 活度降低,进而造成测定结果偏低,这就引入了负误差。因此,比较恰当的 pH 值为 5.5~5.6。为了能平衡被测试液的酸碱度,本试验使用的总离子强度缓冲溶液中含有弱酸性的柠檬酸根所形成的 pH 值缓冲体系。

(7)试液中干扰离子的影响。

由于氟离子容易与 Fe^{3+}、Al^{3+}、Ca^{2+}、Mg^{2+} 等离子形成稳定的络合物,从而干扰 F^- 的测定,这就需要测定过程中在样品试液中加入某种缓冲液以便消除干扰离子的影响。考虑到柠檬酸根会与干扰离子反应,形成稳定的络合物,起到对 F^- 的保护作用。同时还需要一种含有大量电解质的溶液存在,使标准溶液和样品溶液的总离子强度一致。因此,采用由二水合柠檬酸三钠与硝酸钾配置而成的总离子强度缓冲溶液(TISAB),进而避免这种离子产生的干扰影响。

(8)试液温度的影响。

由于氟电极的特性和温度的关系较大,而电位的测试又与电极关系密切,所以试液的温度对电位的测量值会有较大的影响。尤其是在氟电极实测斜率中产生的影响,导致试验出现偏差。为了消除这种温度带来的影响,需要在测定时,使被测的试液温度尽量与实测斜率测定时的试液温度相同,或者它们之间的温差不能超过 2 ℃。而 PX-450 型离子计就能很好地做到这点,它具有温度补偿功能,可以在一定程度上消除温度对氟离子电极的影响。影响电位测量的因素还有很多,比如电极没有插入液面以下位置,搅拌速度不适当等,都会使得一些测量数据的误差较大。除上面提到的因素外,还有高温水解的影响,比如样品重量、石英砂的用量、燃烧舟的送入位置等,这些都会影响试验的效果,会使测定结果有较大误差。例如:如果样本重量比较低,那么被测样品中的氟化物的分布均匀性就不好掌控,这样测定结果很难重复和再现。但样品重量过高也不行,这样样品中的氟化物水解会不完全,从而产生大量的烟气,降低冷凝的效果,两种情况都会导致测定结果有误差,大部分结果偏低。

2. 测定液体氟含量的方法

前文已阐述固体中氟含量的测定方法,所采用的是高温水解–离子选择电极法。当测定液体中的氟含量时,不再需要高温水解这个步骤,主要环节就是采用离子选择电极法,其中温泉水中的氟含量测定采用氟离子选择电极就可以完成,其过程和前文所阐述的固体在高温水解后测燃烧水的方法一致,在此不再做重复的阐述。牛奶样品的测试有两种方法,第一种和测燃烧水完全一样;第二种采用的是 GB/T 5009.18—2003,此种方法需要对牛奶样品进行处理:首先称取 8.00 g 牛奶样品,将其放置于 50 mL 容量瓶中,加入 10 mL 盐酸(1:11),密闭浸泡 1 h,加入过程中要轻轻摇匀,同时尽量避免瓶壁上粘有试样。提取后加入 25 mL 总离子强度缓冲剂,加水至 50 mL 刻度定容,混匀后备用,然后在具体测定其氟含量时用的方法和前面一致。

5.3　大理 EY 地方性氟中毒病区介质中氟含量特征

EY 地区温泉水资源相当丰富,由于它出水点多、温度高等优点,一度成为 EY 地区当地居民和农民日常生活的主要用水。高氟含量问题很早就引起相关部门的高度重视,并采取了一系列的措施。本书在这些研究的基础上对 EY 地区氟中毒地区的高温温泉水、土壤、粮食等一系列介质的氟特征进行了全面的调查和分析,以求找到解决当地高温温泉水氟含量对当地环境影响的控制措施和方法。本书中温泉水、土壤、粮食、蔬菜、牛骨中的氟含量测定是在中国科学院地理科学与资源研究所进行的;牛奶样品中的氟含量测定进行了 2 次,试验地点分别是大理疾病预防控制中心和云南省农业科学院;温泉水中除氟试验进行了 2 次,试验地点分别是大理疾病预防控制中心和云南省地质矿产勘查开发局。

5.3.1　温泉水中的氟含量

本书主要研究 EY 地区的高温温泉水对当地生物的影响,因此温泉水中的氟特征是本次研究的重点。此次采样点选取了 EY 地区某所镇、某营镇、某街乡、某蒗湖镇等。用离子选择电极法测得这些水样中的氟含量,如表 5-2 所示。

表 5-2　水样中的氟含量

样品序号	采样点	样品温度/℃	样品数	平均氟含量/ ($\mu g/mL$)
S-1	EY 某所镇 温水村澡堂	56	2	3.220 0
S-2	EY 某所镇温水村 主要温泉,又称大井	58	2	3.267 4
S-3	EY 某所镇翠竹村	56	2	2.875 7
S-4	EY 某所镇温水村 农户杨某飞家	39	2	2.194 6

续表 5-2

样品序号	采样点	样品温度/℃	样品数	平均氟含量/($\mu g/mL$)
S-5	某山口村陈某雄家门口合用井	44	2	1.760 0
S-6	EY 某营镇仕登村火焰山温泉	72	2	6.293 2
S-7	EY 某街乡牛街村炼渡公用温泉	79	2	5.696 1
S-8	某街村去风塘公用温泉	70	2	7.396 0
S-9	EY 某蓝湖镇江干今公用温泉	60	2	4.769 4
S-10	EY 某蓝湖镇玉湖城北温泉	64	2	9.050 2

此次温泉水选取了 10 个采样点,每个采样点选取了 2 个平行样,对每个采样点的 2 个平行样均做了测试,结果基本吻合,表 5-2 所列的平均氟含量选取的即是它们的平均值。10 个取样点、20 个温泉水样品中的平均氟含量是 4.652 3 $\mu g/mL$。

5.3.2　土壤中的氟含量

土壤是地理环境的重要组成要素,也是包括氟在内的地球化学元素在地理环境循环中的一个重要的中间介质。在地氟病病因调查中,在地球化学元素研究中,土壤中氟的存在和活动受到了愈来愈广泛的关注。所以,此次采集的土壤均是在温泉附近、受温泉水影响较大的土壤。通过高温水解-离子选择电极法测得这些土壤样品中的氟含量如表 5-3 所示。

表 5-3　土壤中氟含量

样品序号	样品名称	采样点	氟含量/($\mu g/g$)
TR-1	土壤	某所镇温水村澡堂旁农田	715.889 6
TR-2	土壤	EY 某所镇翠竹村农田	630.478 8
TR-3	土壤	某山口村合用井旁农田	581.413 7
TR-4	土壤	EY 某营镇仕登村火焰山温泉旁农田	1 000.273 9

从表5-2取的4个采样点来看,它们的平均氟含量为732.014 μg/g。

5.3.3　粮食和蔬菜中的氟含量

自然环境中生长的植物都含有氟。植物的生长环境中,岩石、风化壳、水、土壤都有氟的存在,也就是说,不论是陆生植物还是水生植物、高等植物还是低等植物,在它们的生命过程中,都有接触氟的机会,都生长在含有氟的生长环境中。对于生活在温泉水附近的植物更是如此,在采集植物样品时,重点采集了受温泉水影响大且与当地居民和牲畜密切相关的粮食及蔬菜,这些粮食和蔬菜所用的灌溉水就是本地区的温泉水。通过高温水解–离子选择电极法测得这些样品的氟含量分别见表5-4、表5-5。

表5-4　采集样品中粮食的氟含量

样品序号	样品名称	采样点	氟含量/(μg/g)
LS-1	玉米	某水村杨某家	1.190 7
LS-2	大米	某水村杨某家	0.830 3
LS-3	蚕豆	某水村杨某家	1.112 5
LS-4	带皮大米	某水村杨某家	0.720 5
LS-5	大米	某所镇三枚下山口村炳某家	0.506 6
LS-6	大米	某所镇三枚下山口村炳某家	0.470 2
LS-7	玉米	某所镇三枚下山口村炳某家	0.568 9
LS-8	大米	某街乡牛街村炼渡公用温泉张某家	0.454 6
LS-9	玉米	某街乡牛街村炼渡公用温泉张某家	0.416 5

表5-5　采集样品中蔬菜的氟含量

样品序号	样品名称	采样地点	氟含量/(μg/g)
SC-1	白萝卜	EY某所镇温水村澡堂旁农田	2.969 6
SC-2	青菜	EY某营镇仕登村火焰山温泉旁农田	18.894 1
SC-3	蒜苗	某山口村陈某雄家门口合用井旁农田	19.865 2
SC-4	萝卜叶	EY某所镇温水村澡堂旁农田	4.553 7

从表 5-4、表 5-5 分别取的 9 个和 4 个采样点来看,所取粮食样品的平均氟含量为 0.696 8 μg/g,所取蔬菜样品的平均氟含量为 11.570 7 μg/g。

5.3.4　牛骨的氟含量

氟是动物必需元素,整个动物界从原生动物到脊柱哺乳动物是一个庞大的生物系统,体内基本都含氟。氟在动物体内的分布是不平衡的,即同一动物的不同器官中,氟的分布是不同的。由于 EY 县饲养的家畜基本上以奶牛为主,从而采集动物骨时就把目标集中在了大型牲畜——奶牛身上。研究得知,牛骨的氟分布主要集中在了脊椎骨、肋骨和膝盖骨上面,所以此次牛骨的样品也集中在以上三个部位。通过高温水解-离子选择电极法测得这些牛骨样品的氟含量见表 5-6。

表 5-6　牛骨样品中的氟含量

样品序号	样品名称	采样点	氟含量/(μg/g)
NG-1	脊椎骨	某蓝湖镇玉湖城北牛菜馆	0.382 2
NG-2	膝盖骨	某蓝湖镇玉湖城北牛菜馆	0.297 3
NG-3	肋骨	某蓝湖镇玉湖城北牛菜馆	0.389 0

此次牛骨样品的平均氟含量为 0.356 1 μg/g。

5.3.5　牛奶中的氟含量

EY 县高温温泉水非常多,分布又很广,目前 EY 县饲养奶牛所用的水基本上全部是温泉水,所以测定牛奶中的氟含量的意义非常大。牛奶中的氟含量的测定方法基本和水氟的测定一样,直接用离子选择电极法进行测定。牛奶样品中的氟含量见表 5-7。

表 5-7　牛奶样品中的氟含量

样品序号	样品名称	采样点	氟含量/(μg/mL)
NN-1	牛奶	某街乡牛街村炼渡公用温泉农户 1	0.055 0
NN-2	牛奶	某街乡牛街村炼渡公用温泉农户 2	0.178 0

从表 5-7 可以看出牛奶样品中氟含量不高,它们的平均氟含量为 0.116 5 μg/mL。此次试验采用了离子选择电极法,参考中国科学院地理科学与资源研究所环境化学分析实验室牛奶氟含量的测试方法,牛奶未做任何处理,直接进行了测试。调查发现,EY 县主要牲畜——奶牛确实存在氟中毒问题,氟斑牙明显。已有研究资料表明,奶牛体内氟的排泄主要通过尿液和乳汁两种方式,正常乳汁中的氟含量应该较高,但测试结果却相反,为了对这个结果进行检验,又在云南省农业科学院进行了第二次牛奶中氟含量的试验,此试验采用的依据是 GB/T 5009.18—2003,对所测样品先用盐酸进行浸提,然后用离子计直接测定,其结果见表 5-8。

表 5-8   牛奶补样氟含量

样品序号	样品名称	采样点	氟含量/(μg/mL)
NNBY-1	牛奶	某街乡去风塘公用温泉农户 1	0.020 0
NNBY-2	牛奶	某街乡去风塘公用温泉农户 2	0.040 0

这次采样点仍然选取了温泉水分布具有代表性的某街乡,平均氟含量为 0.030 0 μg/mL,和表 5-7 结果相似,氟含量很低,这就说明当地温泉水氟含量虽然很高,但对当地牛奶的影响不大。

第 6 章　大理 EY 地区介质中氟含量评价及其对当地的影响

6.1　各种介质中氟含量的评价

前文已经分析过温泉水及各种介质中的氟含量,本节根据我国现行各种介质中氟含量的标准做一对比,分析本书研究的区域氟含量的特征。

6.1.1　高温温泉水氟含量特征

已测的本地区水样的平均氟含量为 4.652 3 μg/mL,而我国现行的生活饮用水的氟含量标准是<1.0 μg/mL(GB 5749—2022),由此可见,此地区的高温温泉水氟含量确实很高,是我国正常饮用水氟含量的 4 倍还要多,并且所测 EY 地区某蓢湖镇玉湖城北温泉水样氟含量是正常值的 9 倍多,如图 6-1 所示。

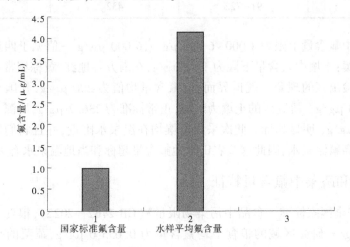

图 6-1　采集水样氟含量与国家标准比较

从图 6-1 可以看出,EY 地区温泉水的氟含量与国家标准悬殊,严重超标。

6.1.2　土壤中氟含量特征

世界一些国家的土壤中氟含量见表 6-1。

表 6-1   世界一些国家土壤中氟含量

国家	氟含量/(μg/g)	报告者及时间
印度	30~3 200	Wilson，1941
瑞士	98~300	Fellenberg，1958
新西兰	68~5 400	Hemmel，1952
德国	80~1 100	迈克尔，1952
苏联	30~320	维诺格拉多夫，1957

我国土壤中氟含量水平大致与世界上其他地区土壤中氟含量相当。我国不同地区土壤类型不同,其中氟含量也不同(见表 6-2)。

表 6-2   中国部分土壤(A)层类型的氟含量

土壤类型	氟含量范围/(μg/g)	算术平均值/(μg/g)	标准差
黄壤	78~2 646	584	373.2
黄棕壤	119~3 467	534	238.4
红壤	95~2 015	500	236.2
黑钙土	91~722	432	152.1

我国土壤中氟含量上限为 4 000~6 000 μg/g,6 000 μg/g 一值见于四川境内一磷矿体的亚表层土壤;土壤中氟含量下限为 1~2 μg/g,在南方各地红、黄棕壤常见。我国土壤很少出现过未检出氟的现象。就世界而言,氟含量均值为 200 μg/g,我国土壤氟含量的均值为 50~500 μg/g。研究区的土壤为红壤,正常标准为 236.2 μg/g,所测土壤平均氟含量为 732.014 μg/g,明显超标。此次采集土壤均在温泉水附近,并且它们所用的灌溉水就是周围这些高氟温泉水,因此这些农田本地氟含量超标和当地温泉水有关。

6.1.3   粮食和蔬菜中氟含量特征

据《食品安全国家标准   食品中污染物限量》(GB 2762—2022),粮食和蔬菜的正常氟含量<1.0 μg/g,研究区域的粮食平均氟含量为 0.635 0 μg/g,蔬菜的平均氟含量为 14.437 7 μg/g,如图 6-2 所示。

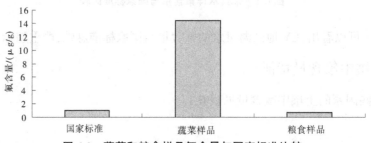

图 6-2   蔬菜和粮食样品氟含量与国家标准比较

由此可见,所研究区域的粮食样品氟含量正常,而蔬菜样品氟含量严重超标,平均值是正常值的 14 倍还要多,而所采集的蒜苗氟含量超标更是接近 20 倍。蔬菜氟含量异常高的原因:一方面是它对于生长环境中的氟吸收量大;另一方面也和这次采样点有关,这次采集的蔬菜都是离温泉点很近的地区,蔬菜的灌溉水也均是高氟温泉水,并且当地经常是用瓢直接喷洒在蔬菜的叶面上,这也在某种程度上加剧了蔬菜中氟含量的积累。

6.1.4　牛骨和牛奶中氟含量特征

据相关研究,我国牛骨的氟含量一般为 $0.5 \sim 1.0$ $\mu g/g$,所取样品的牛骨中氟含量为 $0.356\ 1$ $\mu g/g$,符合国家标准,前面已经提到 EY 县奶牛主要就是用来取奶,基本不作为肉食,所以所采集的牛骨来源也不是很清楚,牛骨中氟含量数据只作为参考。两次测得牛奶中平均氟含量分别为 $0.116\ 5$ $\mu g/mL$ 和 $0.030\ 0$ $\mu g/mL$,牛奶中氟含量国家标准一般采用粮食中氟含量国家标准,为 1.0 $\mu g/g$,可见牛奶中氟含量正常,而且数值还偏低,说明当地高氟温泉水对牛奶影响很小。

6.2　各种介质中氟含量对当地生物环境的影响

研究区域的温泉水及其他介质中的氟含量特征如表 6-3 所示。

表 6-3　各种介质中氟含量对比

样品名称	样品平均氟含量/ ($\mu g/mL$)	国家标准 ($\mu g/mL$)	样品氟含量特征
温泉水	4.163 6	1.0	超标
土壤	642.640 6	$50 \sim 500$	超标
粮食	0.635 0	1.0	正常
蔬菜	14.437 7	1.0	严重超标
牛骨	0.356 1	$0.5 \sim 1.0$	正常
牛奶	0.116 5	1.0	正常

由表 6-3 可知,EY 县温泉水氟中毒地区的温泉水和土壤超标,在此区域所生长的粮食和主要牲畜——奶牛的牛骨和牛奶氟含量都正常,只有蔬菜中氟含量严重超标。下面对本次氟含量高的介质对生物(主要介绍对人的影响)的影响进行阐述。

饮水中的氟对人体中的氟的积累有重要影响,一方面,饮水普遍含氟;另一方面,人体每天饮水的量较多,并且饮水中的氟较食物中的氟更易被机体吸收。研究表明,人体在代谢过程中,饮水中的氟含量对人体缺氟或氟过剩的影响最为敏感,成为与人体健康关系最密切的因素。土壤是氟的环境化学过程中的重要介质。在土壤、水、空气和植物四个因素中,土壤是重要的媒介之一。在元素氟的环境变化过程中,土壤是氟的环境化学系统的枢纽。

土壤中氟在植物生长发育过程中的影响,还有通过饮水与食物链对人体健康产生的影响——无论是有益的或有害的,都在许多试验中显露出来。据陈国阶等对土壤加氟进行水稻根氟积累量的观察,发现根氟累计量与土壤有明显的正相关关系(见表6-4)。

表6-4 根氟累计量与土壤关系

向土壤加 F⁻(μg/mL,溶液)	水稻根氟累计量(μg/g)
1.5	87.5
3.0	125
10.0	150
20.0	200

植物作为景观中重要的因素,在地球物质循环中起着吸收无机物、空气和水而转化成有机物,同时又不断地将有机物分解成无机物的作用。从表6-4中数据可以看出,植物从土壤中吸收了大量的氟。

环境中的氟主要是通过空气、饮水和食物进入人体的。此次采样的温泉水、土壤、温泉水附近的动物、植物和当地的居民是一个有机的整体。它们之间的关系是相互的,氟含量也是相互变化的(见图6-3)。

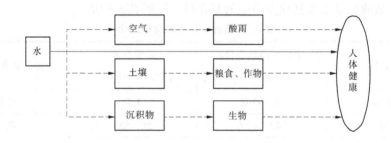

图6-3 土壤氟进入生物界途径示意

由此可知,上述各个因子其实是一个整体,它们是一个完整的循环系统。温泉水中的氟对当地的土壤影响很大,进而通过温泉水和土壤使当地的蔬菜中氟含量很高,氟含量高的温泉水和蔬菜通过食物链作用到人体,引起当地氟中毒。所有介质中氟含量超标的最终根源是当地温泉水。

本次研究还发现,EY地区氟含量高的水等介质对当地的粮食和动物影响很小,当然这不能作为最终的结果,今后还需要对该地区的氟中毒情况做进一步的调查,对温泉水影响该地区的情况做更深入的研究。

第 7 章　XC 市区及氟中毒概况

7.1　研究区概况

7.1.1　自然地理概况

7.1.1.1　地理位置

XC 市位于河南省中部、黄河以南,总面积 4 996 km²。北部是繁华的省会郑州和历史文化名城开封,西部是煤炭城市平顶山,南部是新开发的漯河市,东部是农业资源丰富的周口市。它位于省会郑州以北 86 km 处,位于漯河市以南 50 km 处,地理坐标为东经 113°03′~114°19′,北纬 33°46′~34°24′。XC 市交通非常便利,距离新郑国际机场大约 40 km,京港澳高速公路、G107、京广铁路、S103 贯穿南北。南日高速公路、G311、S325 和 S329 横贯东西。

7.1.1.2　气象特征

XC 市属于中纬度温暖区半湿润季风气候区,热量资源丰富,光照充足,雨量适中,无霜期长。除西部禹州市部分山区外,其余均为平原地区,气候差异不大。

气候特征为:该地属于北暖温带季风气候,冬春寒冷干燥,夏季温和多雨。雨季主要集中在 7~9 月,占全年降水量的 1/2 以上。最大降水量为 1 060.9 mm(1984 年),最小降水量仅为 430.6 mm(1988 年)。最大降水量是最小降水量的 2.46 倍;年降水量变化系数为 0.3。多年最大月平均蒸发量为 169.4 mm,多年最小月平均蒸发量为 36.3 mm,4~6 月是最大蒸发量月份,12 月和次年的 1 月是最小蒸发量月份。蒸发量与降水量的多少呈负相关关系,但总体趋势是蒸发量大于降水量(见表 7-1)。

表 7-1　XC 市历年降水量蒸发量统计

年份	1983	1984	1985	1986	1987	1988	1989	1990	1991
降水量/mm	778.4	1 060.9	823.4	454.8	677.2	430.6	774.9	858.5	599.8
蒸发量/mm	1 570.0	1 442.7	1 466.4	1 811.9	1 559.9	1 770.8	1 389.4	1 459.5	1 474.2
年份	1992	1993	1994	1995	1996	1997	1998	1999	2000
降水量/mm	624.9	486.4	703.2	789.2	748.0	577.9	701.6	719.8	909.5
蒸发量/mm	1 695.5	1 587.2	1 695.3	1 590.5	1 512.9	1 697.5	1 524.6	1 548.2	1 585.8

XC 市多年平均气温为 14.7 ℃,7 月气温最高,月平均气温为 27.7 ℃,最低气温为 1 月,月平均气温为 0.6 ℃。极端最高温度为 41.9 ℃(1972 年 7 月 19 日),极端最低温度为−17.6 ℃(1955 年 1 月 6 日)。风向和风力有显著的季节性变化。秋冬季节多偏北风和北风,春季多南风和西风,夏季多偏南风和东风。1~4 月的风速相对较高,月平均风速为 2.8 m/s。8~11 月的风速最低,月平均风速为 2 m/s。本地春夏秋冬四季分别始于 3 月 27 日、5 月 21 日、9 月 13 日、11 月 12 日前后。这 4 个季节中,春季和秋季各持续约 60 d,夏季小于 120 d,冬季则长达 140 d。日照时间为 2 280 h,无霜期为 217 d,四季分明。该市的降雨量在全年分布不均,降雨量集中在 6~9 月,占全年降水量的 62%。

7..1.1.3　地形地貌

XC 市地处豫西山区向黄淮海平原的过渡地带,伏牛山余脉向东部平原的过渡地区。东西长 117 km、南北宽 53 km,地形狭长。总体地形特点是西北高、东南低,西部属于低山丘陵区,地面高程 200~1 000 m;中部山前丘陵区地面高程 70~200 m,坡度为 2.5‰~8‰。地形起伏不平,自然植被稀疏;东部冲积平原地区地面高程 50~190 m,略向东南倾斜,坡度 0.3‰~2.5‰,地形相对平坦。

XC 市地形呈东西走向,根据地貌成因和形态的组合,可分为平原、山地和岗地三类。平原面积为 3 638 km²,占全市面积的 72.81%;低山丘陵面积为 521.2 km²,占全市面积的 10.43%;岗地中分为冰碛冰水岗地、剥蚀残岗地、坡洪积岗地、冲洪积岗地四大类型,面积为 836.8 km²,占全市面积的 16.75%。

7.1.1.4　土壤和植被

XC 市土壤主要由棕壤、褐土、潮土等组成,肥力一般,土壤主要是通过沉积形成的,形成了一层厚厚的土层,可以种植小麦、玉米、红薯、大豆和棉花,襄城县烟草和禹州市中药种植历史悠久,农产品资源丰富。XC 市花木种植大约 90 万亩(1 亩 = 1/15 hm²,全书同),其中鄢陵县有“中国花木之都”称号。

7.1.2　社会环境概况

XC 市作为中原城市群的核心城市,也是全国节水农业灌溉示范市、河南省农业信息化示范市之一,下辖禹州市、长葛市、建安区、鄢陵县、襄城县和魏都区,总面积 4 996 km²,有 102 个乡镇办事处。截至 2018 年,XC 市常住人口为 440.89 万,其中农村居民 215.77 万,城镇居民 225.12 万,城镇化率为 51.06%。

由于农业人口众多,XC 市每个居民拥有约 0.075 hm² 的耕地,未达到国家平均水平。为此,XC 市大力发展特色农业,并创建了中国首批国家农业科技园区。XC 市作为中国最大的花木生产和销售基地,全市花木种植面积约为 90 万亩。花木品种繁多,产量丰富,年产量约 13.8 亿株;同时,XC 市还是中国重要的中药材生产和销售基地,是中国四大中药材集散地之一,也是中国 17 个获批的中药材交易市场之一,种植面积高达 30 万亩;XC 市素有“烟叶王国”之称,卷烟厂技术力量雄厚,设备先进;XC 市优越的地理环境使小麦、大豆、红薯等农副产品得以种植和生产,加快了 XC 市农产品加工业的快速发展。随着 XC 市农业结构的不断改善,粮食总产量达到了历史最高水平,2018 年粮食总产量达到 277.95 万 t。特色农业、有机农业、循环农业和有机种植业发展迅速。

XC 市第二产业的产值几乎占到全市 GDP 的 60%。煤炭、铝土矿和铁矿石储量丰富。原煤储量为 64 亿 t,铝土矿探明储量为 1.4 亿 t,铁矿石探明储量为 4.2 亿 t,发电总装机容量为 260 万 kW·h。进入 21 世纪以来,该地区连续多年保持高质量增长。近年来,通过推进产业集聚区建设,XC 市构建了"一带九区二十个产业集群"的发展模式,形成了高新技术产业纵向辐射、先进制造业横向扩张、劳动密集型产业集约发展的现代产业体系,培育了一批具有核心竞争力、在国内外具有重大影响力的大型企业和知名品牌。

7.2　研究区水文状况

该地区属于淮河流域沙颍河水系。流域面积大于 1 000 km² 的河流有 5 条,包括北汝河、颍河、双泪河、清潩河和沙河。流域面积 100~1 000 km² 的河流有 19 条,包括康沟河、青泥河和小泥河等。

北汝河是 XC 市的主要供水渠道之一,发源于汝阳县,河流流经襄城县,向东南流向沙河,是流经 XC 市的最大河流。

颍河作为 XC 市区供水的主要河流之一,发源于登封嵩山,流经禹州市、建安区、襄城县三县(市、区),最后汇入漯河市,是流经 XC 市的第二大河。

双泪河是贾鲁河的最大支流,发源于新密市,河流经过 XC 市的长葛市、鄢陵县,最后流入周口市。

清潩河是颍河的最大支流,河流流经新郑市、长葛市、建安区、卫都区、临颍县、鄢陵县,最终在西华县逍遥镇汇入颍河。清潩河全长 149 km,流域面积 1 758 km²。20 世纪末,由于工业化生产,河流附近工厂众多,导致大量工业和生活污水排入河流。此外,清潩河流量较小且自净能力弱,导致河流污染严重。但经过 10 多年的治理,清潩河的水质已经明显改善。2008 年 9 月以来,污染源基本切断,河水基本清澈,它现在已经成为 XC 市一道美丽的风景线。

7.3　研究区地下水利用状况

截至 2017 年,XC 市净水资源总量为 8.56 亿 m³,其中地表水资源量为 3.39 亿 m³,等效径流深度为 68.1 mm;地下水资源量为 5.92 亿 m³,其中山区为 2.18 亿 m³,平原地区为 4.07 亿 m³。截至 2014 年,XC 市大中型水库总库容为 3 400 万 m³。

XC 市是全国缺水型城市,面临着严重的水资源短缺问题。该市年均水资源量为 8.9 亿 m³,其中地表水资源量平均为 4.76 亿 m³,多年地下水资源量平均为 5.64 亿 m³,人均水资源量只有 204 m³,相当于全国人均水平的 1/10,省级人均水平的 1/2。长久以来,随着城市化的进程的加快,激化了工农业生产与人民生活之间的矛盾,地下水开采量逐年提高。

XC 市城市规划面积 88 km²,工业用井 207 口,农业用井 1 850 口,共 2 057 口,密度 23.38 口/km²,居省内前列,自备井提取能力约 3 万 m³/d,农机井开采 4.6 万 m³/d,总开采能力 76 000 m³/d,开采强度 863 m³/(d·km²)。地下水是 XC 市居民生产生活用水的主要来源,XC市日均需水量为10万 m³/d,其中70%来自地下水开采。XC市自来水公司承接 XC 市区自来水供应,拥有周庄自来水厂和麦岭水厂。周庄自来水厂水源为北汝河,供水能力为 10 万 m³/d。由于北汝河容易污染,有时会影响周庄自来水厂的供水。例如,2000 年春季,北汝河污染严重,周庄自来水厂被迫停水 40 多 d;2001 年冬季以后,北汝河污染严重,水质恶化,供水再次受到影响。麦岭水厂位于襄城县东南部的麦岭镇,拥有 45 口生产井,开采深层孔隙地下水,供水能力为 14 万 m³/d。然而,近年来,平均供水量仅为 2.95 万 m³/d,开发潜力非常大。

随着人口的不断增长和工农业生产的快速发展,对水的需求增加,地下水开采量也明显增加。过度开采地下水导致出现了一些环境和水文地质问题,如地下水位急剧下降、排放漏斗区逐渐扩大、土地沉降范围和速度增加。解决这一问题的关键是限制城市地区浅层、中层、深层地下水的开采。2005 年,XC 市高庄新村地区发现了地下水漏斗,2010 年,在屯南—李庄—郭堂和潘窑—李庄—郭堂地区又发现了新的地下水漏斗。目前,XC 市已经形成了一个 67 km² 的地下水漏斗,长轴自北向南,长约 12 km,地下水位以每年 1.0 ~ 2.0 m 的速度继续下降。城市附近大片地区的埋藏深度已降至约 70 m,漏斗中心的水位超过 80 m。

地下水的过度开采也会导致城市沉降。XC 市在 1985 年重新测试 1958 年铺设的平点时发现了地面沉降现象,当时测得的最大地面累计沉降为 188 mm。1989 年对 1985 年布置的高程点进行重测,测得最大沉降值为 82 mm,年平均地面沉降 20.5 mm。最大沉降能力为 277 mm,沉降面积为 54 km²。XC 市作为河南省土地沉降最严重的地区之一,对比 XC 市土地沉降和地下水位的等值线图,发现土地沉降的中心与深层地下水下降漏斗的中心重合,大面积沉降的地区与深层地下水下降漏斗区重合。根据动态地下水位数据,得出地面沉降率与地下水位下降呈明显的正相关关系。

地下水动态特征如下:

(1)浅层地下水的动态特征。

根据 XC 市地质环境监测站的监测结果显示,在大量开采浅层地下水之前,浅层地下水水位埋藏深度为 2 m 左右,局部有溢流区。近年来,地下水位持续下降,这和浅层地下水的过度开采有关,导致 1982 年水位深度为 4~8 m,最大深度为 10.14 m,平均水位深度为 5.66 m。2000 年,XC 市附近平均水位埋藏深度为 8.5 m,最大深度为 11.01 m。与 2008~2010 年 XC 市浅层地下水等值线图相比,大部分均为稳定区,清潩河两岸受清潩河排蓄影响,水位变化较大。

(2)中深层地下水的动态特征。

靠近 G107 国道的菅庄 S28 钻孔,紧邻拟建厂区,可以在一定程度上反映评价区中深层地区地下水位的动态。S28 孔深 300 m,XC 市地质环境监测站自 1994 年起开展水文地质长期观测,每 5 d 观测一次。经过整理,将 1994~2001 年的水位变化量和降水量数据绘制成地下水动力学和降水曲线,如图 7-1 所示。

由图 7-1 可知,地下水位的最低值一般发生于 7 月(或 8 月、9 月),而水位的最高值多出现于第 2 年的 3 月(或 4 月、5 月)。若 7 月是汛期,则地下水位的最高值迟于降水期 6 个月,这表明深层地下水并非直接由降水补给,主要是靠上游的径流补给,因此地下水

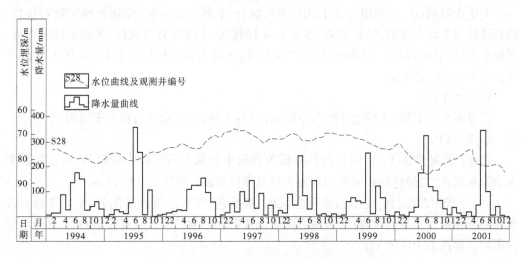

图 7-1　S28 孔历年地下水动态及降水量曲线

的径流极其缓慢。

7.4　研究区地质概况

7.4.1　地质环境

7.4.1.1　区域地层

该地区为平原,地表没有基岩露头,完全被新生代地层覆盖。根据地表地球物理勘探和深部钻探资料,该地区缺少上元古代、奥陶系、志留纪、泥盆纪、石炭纪、侏罗纪和白垩纪地层。其他地层从老到新描述如下。

1. 太古界登封群(Ar_{dn})

本部分属于郭家窑组下部,钻孔暴露厚度超过 281 m。主要位于长葛北石固—许昌地区的松散沉积层下。岩性主要以斜长石闪岩和角闪石颗粒岩为代表,中间夹有黑云母变质岩、浅层颗粒岩和磁铁矿石英岩。

2. 寒武系(∈)

岩性主要是一套灰白色厚层石灰岩、白云质石灰岩、白云石和鲕状灰岩等,有岩溶断裂发育,总厚度为 486~1 109 m。

3. 奥陶系中统马家沟组(O_2)

本组上部主要为石灰岩,包括深灰色厚层石灰岩、角砾石灰岩和白云质石灰岩;下部为薄层泥灰岩、泥质白云岩与页岩、泥灰岩局部砾石,有岩溶发育,总厚度为 30~49.49 m。本部分与下寒武系上统、上覆的石炭系中统平行,均为不整合接触。

4. 石炭系中、上统(C_2+C_3)

中统本溪组(C_{2b}):禹县浅井、长庄以北地区零星分布。本组上部是一层灰色薄厚的铝土矿;下部为紫红、灰白、灰黄等杂色的铝土矿层,最下部夹有透镜状或鸡窝状赤铁矿层。厚度为 2~16 m。

上统太原组(C_{3t}):本组分为上、中、下三部分,上部分为灰色、深灰色厚层状石灰岩,燧石块状或条状石灰岩,砂质页岩,以及1~4层煤线;中间部分为灰色、灰黄色砂质页岩、泥质页岩、砂岩和石灰岩,中间夹有3~7层煤线;下部为灰色厚层石灰岩,夹有2~8层煤线。厚度为51~105 m。

5. 二叠系(P)

二叠系分为下统:下统盒子组与下统山西组;上统:上石盒子组和石千峰组。

1)下统(P_1)

(1)下统盒子组(P_{1x}):由灰白色和棕黄色的中粒长石石英砂岩和暗灰、灰色粉砂岩夹杂的灰黄色、灰绿色的砂质泥岩和泥岩以及煤层组成。厚度为22~71 m。

(2)下统山西组(P_{1s}):本组岩层为灰色、灰黑色、青灰色等砂质泥岩,中间夹杂有浅黄色的细粒级石英砂岩及煤层,基底为泥岩或灰白色的细粒级砂岩或粉质砂岩,部分地层为泥岩。厚度为10~65 m。

2)上统(P_2)

(1)上石盒子组(P_{2s}):上段为灰白色、淡褐黄色、中粗粒的长石石英砂岩,下段为青灰色、灰黄色的中-细粒的长石石英砂岩,粉砂岩与泥岩,基部存在少量的砂砾透镜。厚度范围为58~99 m。

(2)石千峰组(P_{2sh}):底部为细粒级至中等粒级的石英砂岩,夹杂着灰黄色的细粒级石英砂岩,夹杂着紫红色和灰白色的中厚层,夹杂着紫红色的泥岩;中部为一套厚层状中-细粒石英砂岩,其中夹有一层厚层状的暗紫色细粒石英砂岩;上半部分被一层厚的紫红色的粗石英砂岩覆盖。暴露出的岩层厚度为445 m。

6. 第三系(R)

岩性主要为棕红及棕黄色细砂、中细砂、粉砂、粉质黏土、黏土等,属于一套冲积层,顶板厚度为140~185 m。主要成分为石英和长石,夹有微量云母和暗色矿物。在406 m深的地层中,存在4~6个沉积旋回,其中砂层6~9层,总厚度为34.15~81.70 m,砂层厚度范围为34.15~81.70 m。

7. 第四系(Q)

该岩系在该区广泛分布,各类岩系均保存完好。上层区主要为含细砂、粉砂岩的黄黏土,中层区主要为细砂、粉砂岩的砂岩;下层为粉质黏土,黏土中夹杂着细砂。砂层单层厚度一般为5~8 m,总厚度在40 m左右,第四系总厚度为150 m。

1)下更新统(Q_1)

该统在本区可分为二段。

(1)下更新统一段(Q_{11}):一套冰水沉积物,顶部埋深为103.5~123.6 m,厚度为22~79 m。岩性为灰绿、棕黄、棕红色的粉质黏土,粉土夹中细砂及泥质细砂层,在西部有一透镜状的泥质砾石层,局部地区多含有以铁、锰为主的钙质和钙质结核层。

(2)下更新统二段(Q_{12}):一套具有洪积扇边缘相的沉积物,岩性主要以棕黄-灰绿色粉质黏土为主,中间夹有砂砾石及砂层。顶板埋深为62~92 m,厚度为32~41.3 m。

2)中更新统(Q_2)

中更新统是一种相对稳定的地质环境,它的沉积层很薄,在20~40 m的上部,主要是一组褐黄色–棕色的粉质黏土、黏土。在底部有砂砾,富含钙质和钙质结核和铁锰结核,厚 24~42 m。

3)上更新统(Q_3)

上更新统为一组冲积洪积物,顶部厚度为 5.7~13.3 m,岩性主要为灰褐色、棕褐色、含钙的泥质黏土,其中含有少量的铁锰结核,构造疏松,孔隙发育。XC 市附近为湖相沉积,厚度为 13.85~28.10 m。

4)全新统(Q_4)

在汝河、颍河和双泪河之间的沟谷中均有发现。在评价区域中,岩层主要是黄棕色、灰黄色的粉质黏土,表层是耕地的土壤,厚度为 5~13.5 m。

7.4.1.2　区域构造

XC 市地处中朝准地台的南端,在区域构造上隶属中朝准地台–华北坳陷的通许隆起,嵩箕台隆自早第三纪以来不断隆升,并伴随着华北凹陷的整体沉降和沉积作用,使 XC 地区脱离了嵩箕台隆,形成了今天的格局。基底为太古界、古生界组成的近东西向鞍状复式背斜。

断裂结构发育良好,主要的构造形态为近 NE 向断裂、NE 向断裂和 NW 向断裂。晚第三纪以来,该地区曾发生过一次南北向的分化,并在全球范围内逐步下沉,在这一过程中,形成了一系列厚度较大的上第三系和第四系。

7.4.2　水文地质条件

XC 市位于伏牛山余脉向东部平原的过渡地带,总的地势西部高而东部低、南部高而北部低。平均海拔为 66~75 m,地形平坦。XC 市的地貌类型主要为冲洪积平原,属于典型的平原型城市。其中,双泪河由于太康隆起而隔阻,使原本东去的流向受到改变,与清潩河共同作用,形成了本地区的泛滥冲积平原。河流流向的改变形成了平原区中北西—南东走向的条形高地,高地宽为 1~7 km,相对高差多为 3~8 m,两高地间为相对低洼地形,其地面标高约为 65 m,顶面平坦而宽阔,向两侧缓倾。

XC 市区位于豫西山地与黄淮海平原接壤地带,总体地势从北到南,地势平缓。表层没有基岩,全部为新生世地层所覆盖,总厚超过 600 m,含有大量的孔隙水;其下伏基岩为寒武系和奥陶系的碳酸盐岩和太古代的变质岩,其中以裂缝水为主。以含水层的岩性特征和水文地质条件为依据,由上而下将地下水分为浅层地下水、中层地下水和深层地下水,浅层地下水深度在 60 m 以内,中层地下水埋深为 60~130 m,深层地下水深度大于 130 m。中层地下水因水分含量少,分布不均匀,难以进行独立开采,一般采用混合开采方式。

7.4.2.1　地下水类型及含水层分布特征

XC 市地处黄淮海冲洪积平原,具有得天独厚的区位优势和便捷的交通条件。第四系松散岩石类地层总厚达 600 m。目前,XC 市在 300 m 以下的浅层中,以第四系松散岩石类地层为主,含孔隙水。浅水含水层(段)是指埋藏深度在 100 m 以下的孔隙水和微承压水石类地,含水层(段)的岩性主要有中上更新统粉质黏土、粉土、粉砂、细砂及洪积砂等,其补给量与年降水有很强的相关性,是 XC 市地区农业及分散供水的主要采集层。地下水根据含水层埋深划分为浅层、中深层和深层地下水,其划分沿用了《XC 市地质环境监测年度报告》的方案。

其中,浅层地下水主要是埋深为 0~60 m 的地下水,水性偏中等,单井的涌水量为 500~1 000 m³/d。该区域的浅层地下水含水层主要由上更新统(Q_3)及全新统(Q_4)河流泛滥冲积物组成,厚度为 30~40 m,岩性组成主要包括黏质粉土、黑色黏土和粉质黏土,中间偶尔有 2~5 m 厚的粉砂,是黄河古泛流带来的沉积物。砂层埋深约 10 m,单井出水量为 20~40 m³/L,水位埋深为 6~8 m,渗透系数为 3.27 m/d。

中深层地下水是指在 60~135 m 深度范围内,由一组黄–褐红色的粉质黏土和粉质砂岩构成的含水层,在该含水层的底部含有卵石,并含有丰富的钙质及钙质结核、铁、锰质结核,该含水层是城镇集中供水的主要采集层。中深层地下水富水性中等–较差,单井涌水量 100~500 m³/d。

深层地下水是含水层埋深为 135~500 m 的地下水。含水层为新近系上新统明化镇组,是一套以褐红色、褐黄色细砂、粉砂质和粉砂质黏土为主的冲积层,厚度为 311~486 m,顶板埋深为 133~252 m,底板埋深为 501~738 m。

7.4.2.2　地下水补给、径流和排泄

1. 浅层地下水的补给、径流和排泄

浅层地下水的补给来源可分为三类:大气降水入渗补给、河渠渗漏补给和灌溉回渗补给。在这一地区,降水的入渗量是最主要的补给源,而地形、地貌等对其有很大的影响。由于浅层地下水是由大气降雨直接供给的,所以它的水位波动具有明显的季节性。水位峰值通常会出现在每年丰水期的 8~9 月,晚于降水 5~15 d,而水位最低值则会出现在每年枯水期的 3~6 月。同时,该地区的地下水有河流和沟渠的渗入。

本书研究了包气带的岩石构造、岩石组合、地下水埋藏深度、降水量、降雨强度等。XC 市河网宽广,农田水利建设程度较高,一些长流型河段由于设置了闸口,使得河面上的水位不断上升,为河面的横向渗透与溢出提供了很好的补充。农田灌溉系统中机井较多,而回渗又是浅层地下水的重要补给源。

浅层地下水的径流方向与地表径流基本一致,方向为西北—东南向,水力坡度为 3‰左右,径流速度迟缓。由于集中过量地开采浅层地下水,已形成东北部和南部两个浅层地下水位降落漏斗,形成向漏斗中心的径流,其水力坡度为 1%~6%;由于蒸发消耗,城区西部的部分颍汝灌区浅层地下水埋深小于 5 m,地下水主要用于生产用水、生活用水和农业灌溉。

排泄的主要方式是向下游径流排泄,城区东部地区浅层地下水的排泄方式是向下游排泄。对于广大农村地区,饮用水及农田灌溉用水主要来源于浅层地下水,因而人工开采也为浅层地下水的排泄方式之一。

2. 中深层地下水的补给、径流和排泄

由于各含水层间存在相对厚度较大的隔水层阻隔,越流补给作用十分微弱,因此在天然条件下,中深层地下水主要接受侧向径流补给,由于部分地区浅层地下水和中深层地下水混合开采,部分地区中深层地下水的补给条件发生了改变,形成了中深层地下水降落漏斗,周边中深层地下水均向漏斗中心径流,周边地区水力坡度为 0.008 2~0.008 9,漏斗中

心的水力坡度为 0.01~0.012。

　　中深层地下水与浅层地下水之间有稳定的相对隔水层存在,地下水峰值出现滞后降水 5~6 个月,水力联系不密切,说明主要补给来源为上游径流补给,地下水不直接接受大气降水及浅层地下水的补给。

　　地下水流向总体上由北西流向南东,水力坡度为 3‰。在市区及其北郊地区,因长期开采已形成降落漏斗,局部地带改变了地下水的流向及天然水力坡度,地下水排泄方式主要为人工开采排泄和向下游径流排泄。

　　中深层地下水溶解性总固体一般为 0.24~0.87 mg/L,局部受污染地区的溶解性总固体达 1.52 mg/L。主要水化学类型有:HCO$_3$·Cl-Ca·Mg 型、HCO$_3$·Cl-Na·Mg 型和HCO$_3$·Cl-Na·Ca 型等,其中部分地区的浅层地下水总硬度超标,多为 504.5~713.7 mg/L。

　　3. 深层地下水的补给、径流和排泄

　　深层地下水的补给来源有中深层地下水的越流补给,地下水排泄方式有人工开采和径流排泄。研究区浅层地下水矿化度较低,溶解性总固体一般为 0.34~0.82 mg/L,局部受污染水体的溶解性固体值偏高,高达 1.54 mg/L。主要水化学类型包括 HCO$_3$·Cl-Na·Ca 型、HCO$_3$·Cl-Ca·Mg 型与 HCO$_3$·Cl-Na·Mg 型等。本地区大部分区域浅层地下水总硬度超标,一般为 496.5~1 055.1 mg/L。

7.5　研究区氟中毒概况

7.5.1　研究区氟中毒现状

　　地方性氟中毒是在特定的地理环境中,发生的一种生物地球化学性疾病。自然条件下,人们主要通过饮水、空气或食物等介质长期地摄入过量氟而导致慢性蓄积性中毒,是我国重点防治的地方病之一。地方性氟中毒根据氟的来源不同分为饮水型、燃煤型和饮茶型,其中饮水型地氟病是我国地氟病的主要类型。目前,氟被国际粮农组织(FAO)、国际原子能机构(IAEA)和世界卫生组织(WHO)列入"有潜在毒性,但在低剂量时可能具有人体必需功能的元素",一般认为,氟对人体健康具有双侧阈浓度的性质,因此我国生活饮用水水质规范中氟化物的划分标准以 0.50 mg/L 和 1.00 mg/L 为界,氟含量为 0.50~1.00 mg/L 的饮用水为适宜饮用水,长期饮用氟含量低于 0.50 mg/L 的水易造成身体缺氟形成龋齿,而长期饮用氟含量高于 1.00 mg/L 的水易产生氟斑牙或氟骨症等病变。

　　XC 市地处豫中平原,下辖 2 区 2 市 2 县,约 84 个乡镇 5 603 个自然村。1992 年 XC市地氟病自然村有 692 个,到 2008 年增加至 1 093 个。根据调查显示,XC 市高氟地下水地区分布面积大,在 6 个县(市、区)中,鄢陵县、建安区、魏都区和长葛市的高氟地下水情况最突出,禹州市和襄城县氟含量超标村落较少。河南地氟病划分为三个地区:豫东及豫北平原区、萤石矿区、豫西产煤区。XC 市属于豫东及豫北平原区。根据地下水中氟的来源,把氟病区分为干旱半干旱区次生累积富氟型、富氟岩层或矿床成因型、富氟温泉型、火山活动成因型、渔民饮食成因型和人类活动氟污染成因型。XC 市位于黄河中游的冲击平原,土壤类型为潮土型,该种土壤含有云母、电气石和氟磷灰石等矿物,这些矿物皆为含氟矿物。本地区沉积地貌发育,地质构造并不复杂,因此本地区的地下水中高氟不是来自其特殊地质条件,而是在河流沉积地貌发育过程中累积的,因此 XC 市氟病区属于干旱半干旱区次生累积富氟型。

本地区多年平均的降水量、蒸发量和陆面蒸发量分别为 703.3 mm、1 200 mm 和 550 mm,这种情况为人们使用地表水带来了很大的困难。2013 年,全年实现生产总值 84.9 亿元。XC 市经济能够得到巨大发展主要依靠过度开采地下水来维持,这造成大量的深层氟离子进入到地表物质循环,使得区内浅层地下水中氟的含量发生变化。

20 世纪 80 年代,XC 市开展了第一次地方性氟中毒流行病学调查,结果显示研究区有饮水型地方性氟中毒病区村 392 个,涉及范围包括魏都区、建安区、鄢陵县、长葛市 4 个县(市、区),主要以轻、中度流行为主,主要集中在鄢陵县、长葛市、建安区、魏都区。2004~2010 年对 XC 市 6 个县(市、区)农村所有自然村进行系统地流行病学调查。

从高氟水源筛查结果来看,XC 市有 645 个自然村平均水氟>1.0 mg/L,符合饮水型氟中毒病区判定标准,数量上远多于《河南省地方性氟中毒防治研究现状》中划定的 XC 市 392 个饮水型地方性氟中毒病区村范围,并且原划定的病区村和本次筛查出的水氟含量超标村多数并不重叠,山东省、宁夏回族自治区及河南省的安阳市、周口市也有类似的报道,这表明饮水型氟中毒病区并非一成不变,新病区会被不断发现,而老的病区可能随着社会经济、生活方式及外界环境的改变脱离了地方病的危害。因此,应加强疾病监测工作,根据监测结果动态判定病区,从而根据病区的实际情况因地制宜地落实各项防治干预措施。

为了让人民群众喝上氟含量合格的饮用水,从 20 世纪 80 年代开始,政府投入大量资金对病区实施以改水降氟为主的防治措施,20 世纪 90 年代开始,陆续建设一系列改水降氟工程,尤其是 2005 年开始,各级政府在饮水型氟中毒病区建设了大批的改水降氟工程,对控制饮水型氟中毒起到了非常重要作用。由于群众对地方性氟中毒的危害和防治的认识不足,缺乏主动性,致使改水工程损坏严重,甚至由于群众不愿意缴纳少量的管理费,有的工程完成后长期废弃,浪费了大量的人力、物力。

单纯采用政府投入的防治模式,不能提高群众的防病意识,易滋生"等、靠、要"的依赖思想。采取健康教育方式通过信息传播、认知教育和行为干预,帮助群众掌握防氟知识技能和树立健康观念,自愿接受健康的行为和生活方式,使其从自我意识上发生根本转变,使地方性氟中毒的防治走上一条可持续发展的道路。调查数据表明,健康教育后,除长葛市成人以外的人群地方性氟中毒防治知识正确率和健康行为比例都得到了显著提高,证明作为地方性氟中毒控制的重要手段之一,健康教育是切实可行的,特别是在此平台上实施多角度和多层面的控制措施,将收到事半功倍的效果。

7.5.2　研究区开展相关工作现状

7.5.2.1　氟中毒现状调查

2008 年,李亚伟等为了解 XC 市地方性氟中毒流行范围和干预措施的落实情况,对研究区所有自然村居民饮用的各类水源进行调查,发现高氟水源筛查覆盖面为全市 6 个县

(市、区)84 个乡镇 5 419 个自然村,饮水氟含量超标自然村 1 093 个,占 20.17%;病情调查 3 个县(市、区)14 个乡镇 246 个自然村 8~12 岁儿童 10 743 人,氟斑牙人数患病率 35.00%,调查已建改水降氟工程 316 处,正常运转占 32.60%,由于管道失修、电机损坏等不能正常供水工程有 96 处,占 30.38%;由于水井塌陷等报废工程有 117 处,占 37.02%。

2009 年,王岩等为了解 XC 市食品中氟本底含量,选择基本无排氟工厂的许昌市、长葛市、鄢陵县、襄城县等四县(市)的面粉厂、粮店为采样对象,在小麦粉 60 份样品中有 50 份检出氟,检出率为 83.3%,平均值为 0.49 μg/mg,在玉米粉 10 份样品中有 9 份检出,检出率为 90.0%,平均值为 0.89 μg/mg。说明食品中氟含量检出率较高,有待改水降氟。

2011 年,刘金萍等为了解 XC 市农村中小学生口腔健康状况,选择有代表性的高氟区鄢陵县、低氟区襄城县中小学各 3 所,分别对 7 岁、9 岁、12 岁、15 岁及 17 岁 5 个年龄段的 542 名学生进行了调查,发现 XC 市农村中小学生患口腔龋齿疾病比例为 24.72%,患氟斑牙比例为 34.67%,调查对象中,龋齿患病比例低于全国同类人群检测比例,氟斑牙检出比例高于全国平均水平,这说明本地区的改水降氟工作还需要进一步加强。

2012 年,王艳等为了解 XC 市地区饮用水地方性氟中毒的发病现状及变化趋势,对长葛市水牛陈监测点开展调查,调查对象为 8~12 岁儿童,对他们的生活中饮用水的氟含量、尿液氟含量进行检测,以及调查儿童的氟斑牙患病情况。结果发现该点在 2009 年改水后饮用水源氟含量低于 1.0 mg/L,8~12 岁儿童氟斑牙检出率分别为 70.37%、55.17%、65.22%、53.12%、45.83%,与改水前相比,氟斑牙检出率有明显的下降趋势,儿童尿氟含量有下降,但变化不显著,这说明改水降氟工程能够实现短期对地方性氟中毒的有效控制,但尿氟含量短时间内降低不明显。

7.5.2.2 氟中毒改水工程措施

2008 年,申宝霞等为了解 XC 市氟中毒地区饮用水中氟含量状况及改水工程的运行情况,对 XC 市 4 个重点地区全部的改水降氟工程进行调查,发现全部改水降氟工程 333 处中,122 处可以正常使用,占全部工程的 36.64%,211 处已经报废,占全部工程的 63.36%。正在使用的 122 处改水降氟工程中,水氟含量合格的工程有 84 处,占比为 68.85%,剩余的 38 处除氟改水工程超标,占比为 31.15%,从这个调查结果来看,XC 市改水降氟工程运行不够理想,严重影响地方性氟中毒的控制。

胡留安等为了解 XC 市地区氟中毒的病情动态变化情况,评价改水降水的除氟效果,于 2009 年抽取长葛市、建安区作为监测对象,调查监测县(市)的改水工程运行情况及水氟含量,并选择 10 个病区村作为监测村,调查 8~12 岁儿童氟斑牙及尿氟含量,16 岁成人临床氟骨症及尿氟含量。发现 2 个监测县所有改水村中,正在使用改水工程的村有 97 个,占 61.39%;而停止不用的村有 61 个,占 38.61%。在 10 个监测村中,9 个未改水村,水氟均值为 1.32~2.25 mg/L;8~12 岁儿童氟斑牙检出率为 38.65%;成人临床氟骨症检出率为 0.30%。这说明 XC 市属于地方性氟中毒轻中度流行区,病情尚未得到有效控制,需进一步加大防治力度。

2012 年,胡留安等为进一步掌握病区防治措施落实进度,观测长葛市、建安区病情变化趋势,综合评价该地区改水工程运行效果,对研究区改水工程进度、改水工程运行情况进行调查,同时对病情进行监测。发现研究区累计改水率为 53.11%,改水工程后饮用水氟的合格率为 95%,氟斑牙的检出率为 59.18%,氟骨症检出率为 25.5%,这表明 XC 市饮水型地方性氟中毒流行强度以轻度和中度为主,需要进一步加快落实改水措施。

2012 年,申宝霞等为了解 XC 市改水降氟工程建设、管理情况,对全市 4 个氟中毒病区的 433 处改水工程进行调查,发现报废 211 处,正在使用的 222 个除氟工程中,有 38 处饮用水超标,占 17.12%,这也表明许昌市改水降氟工程毁损严重。

2015 年,李光等为全面掌握建安区氟中毒病区已建改水工程的运行、管理及水质达标情况,对区内用于解决饮水安全工程不同建设时期的进度、基本情况及管理情况进行摸底调查,从而监测工程水质中的氟含量。调查发现,建安区改水工作成效显著,农村居民饮水状况得到较大改善,但工程存在氟超标现象,水质缺乏必要的有效治理,导致出现较为严重的氟中毒新病区。因此,要加强改水项目建设和竣工时项目验收的科学论证,杜绝不合格项目投入使用;对改水项目实行卫生许可制度,多部门综合治理改水项目;坚持开展经常性水质监测,及时整改水质超标项目。

7.5.2.3　氟中毒控制技术

2011 年,王艳等为了解 XC 市饮水型地方性氟中毒的流行现状及干预措施的落实情况,对许昌市所有自然村进行高氟水源调查,同时随机抽取了 30% 比例的饮用水氟超标村落进行调查。结果发现,XC 市共筛查出饮用水氟超标村庄 645 个,8~12 岁儿童患氟斑牙占比 35.84%,氟斑牙发病流行指数为 0.69,缺损率为 4.38%,整体来看,本地的地方性氟中毒以轻度为主。这也说明 XC 市地方性饮用氟中毒地区流行情况与前几年相比有很大变化,但改水降氟措施仍然不能满足预防要求。

王艳等(2020)为评价氟中毒病区控制效果并对未控制病区村原因进行分析,调查全部氟中毒病区村改水工程运行状况、水氟含量、8~12 岁儿童氟斑牙情况,并收集病区村历年监测数据进行分析,发现 XC 市病区村改水工程正常运转且水氟合格率为 95.14%,8~12 岁儿童氟斑牙患病率为 14.44%,病区村控制率为 84.14%。40.00% 的未控制村水氟超标或 5 年内曾超标,54.29% 的未控制村供水氟合格水小于或等于 5 年,5.71% 的未控制村供水氟合格水大于 5 年。说明 XC 市氟病区改水工程运行良好,防治效果明显,病区改水时间尚短和工程水氟超标是病区村不能控制的主要原因,下一步将把降氟工程整改和群众健康教育作为下一步的重点防治工作。

7.5.2.4　氟中毒流行病预防及健康教育

杨合灿等(2009)在 XC 市开展饮水型地方性氟中毒健康教育的效果评估,在鄢陵县、长葛市、建安区、魏都区、禹州市 5 个县(市、区)开展地方性氟中毒健康教育工程。每个项目县(市、区)选择病情最重的 3 个乡(镇),分项目实施。通过群众喜闻乐见的媒体宣传,组织专业人员开展氟中毒防治目标人群地方性知识培训、开设健康教育课等多种方式进行传播。结果发现,健康教育是可以作为地方性氟中毒控制的重要手段,需要政府引导广大群众的参与。

王艳等(2011)为评价 2008~2010 年河南省 XC 市健康教育项目在防治饮水型地方性氟中毒工作中的效果,在健康教育项目开展前后,采用分层抽样的方法,分别对目标人群进行问卷调查,将健康教育干预前后,2008 年、2009 年、2010 年 4~6 年级小学生地方性氟中毒防治知识知晓率由 63.46%、60.00%、50.00% 分别提高到 95.19%、97.59%、

95.19%；地方性氟中毒防治知识知晓率在育龄妇女中由原来的 54.14%、67.04%、58.02%分别提高到 86.30%、98.89%、97.28%。

7.5.2.5　氟中毒来源探讨

XC 市位于淮河流域的沙颍河水系上游、河南省中部辖二市四县。本地区中、小型工矿企业 1 000 多家，乡镇企业有 5 000 多家。该地区矿产资源丰富，工农业生产发达，人口稠密，商品经济繁荣，是河南省的主要工业基地之一。主要工矿企业有发电厂、制铝厂、玻璃厂、搪瓷厂、磷肥厂及煤矿厂、金属矿厂等。近年来，全市工矿企业和乡镇工业发展迅猛，排放的"三废"（废水、废气、废渣）呈直线上升趋势。

1. 废气造成的氟污染

根据调查表明，XC 市每年燃煤量超过 200 万 t，排放的尾气超过 30 亿 m^3。在这些气体中，有超过 3 亿 m^3 的气体被净化，约占全部废气量的 10%。经过对燃煤排放出的废气进行监测和分析，发现在燃煤排放出的废气中，存在着氟化硅（SiF）、氟化氢（HF）、氟硅酸（H_2SiF_6）等含氟气体。其中，氟化氢的含量最多，对人体的危害也是最大的。氟化物气体与尾气、尘埃等一起排放到大气中，对大气造成了严重的污染。其中，有很大一部分是以不同的形态排放到了城市中的水域里，对城市中的环境造成了严重的污染。这些含氟化物气体中的一小部分会随着风向的变化而变化，进而影响周边的生态环境。

2. 工业废渣造成的氟污染

XC 市是全国著名的煤炭、有色金属、化工基地之一。XC 地区地下储藏着丰富的煤炭和各种金属矿藏，既为当地的采掘业提供了巨大的物质基础，也为城市建设提供了充足的资源保证。但是，以煤炭为主的开采业给当地带来了严重的生态环境问题。由于工业固体废弃物堆放问题突出，给 XC 地区生态环境带来了极大的危害。其中，尾矿、煤矸石、锅炉渣、工业粉尘、粉煤灰、工业废料等是最主要的固体废弃物。据了解，XC 市工业、矿山等行业的固体废物年排放量超过 100 万 t，而危害性较大的固体废弃物年排放量则在 10 万 t 左右。综合利用固体废弃物 50 000 t/a，利用率 5%。随着时间的推移，大量的固体垃圾堆积在一起，增加了越来越多的数量和面积。根据历年统计，XC 市历年的工业废料堆存总量达 585.42 万亩。在长时间的露天堆积过程中，这些工业固体废弃物会在风吹、日晒、雨淋以及化学、物理、生物等因素的影响下，慢慢地被风化、分解，其中的氟化物也会被释放出去，进入到水、空气和土壤中，慢慢地对环境造成了污染。

3. 工业废水造成的氟污染

调查表明，XC 市排放的工业污水总量达 8 719.6 万 t/a，已成为城市污水处理的主要污染源。其中，符合国家标准的工业污水排放量为 636.5 万 t/a，合格率为 7.3%；对废水进行无害化处理，处理率为 2.4%。在对 XC 市的工业污水监测中可以发现，废水中含有氟化物，有些废水中含氟化物量较高，最高达 86.5 mg/L。

有关研究指出，当地下水中主要阳离子为钙离子（Ca^{2+}）时，氟离子（F^-）含量低；当地下水中主要阳离子为钠离子（Na^+）时，氟离子含量高。这是因为钠离子易与氟离子形成氟化钠，而氟化钠本身的溶解性较大，可以促进氟离子的溶解。而钙离子与氟离子一旦结合便会生成难溶于水的氟化钙沉淀，因此使环境中的氟离子降低。当地下水中的主要阴离子是碳酸氢根离子（HCO_3^-）时，此时的碳酸氢根离子容易水解成二氧化碳（CO_2）和氢氧根离子(OH^-)。二氧化碳气体会产生挥发现象,地下水中的氢氧根离子会不断增多,最终导致地下水呈弱碱性,而碱性环境是氟化物富集的重要条件之一,因此地下水中会富集氟化物。其一系列的水解方程式如下所示：

$$HCO_3^- + H_2O = CO_2\uparrow + OH^-$$

$$Ca^{2+} + 2F^- = CaF_2\downarrow$$

$$CaF_2 + 2OH^- = Ca(OH)_2\downarrow + 2F^-$$

地下水中钠离子和氢氧根离子的含量相对较高,因此为氟的富集创造了良好的条件。本地区的地下水为弱酸性,为水解反应提供了有利条件,使其水化学活动增强,对氟离子的溶出也有较大帮助。前人研究表明,地壳中氟的迁移与富集是地质构造运动、沉积与古地理环境变化等过程的延续与发展。水和食物是人体摄取氟的重要途径。本研究地区中的氟病区人群高氟症发生的主要原因是饮水和饮食两个方面。食品中的氟化物与自然界的地质大循环和生物小循环关系密切,而热泉中的氟化物又能被人体直接吸收。另外,岩层经过风化淋洗后,会形成一种高溶解度的富氟土壤,其中的氟可通过淋洗后随水介质被植物吸收和富集,进入生态环境,并被植物吸收和富集,最终进入生物体,产生生物效应。XC 市大气、水体和农田中氟化物含量统计见表 7-2。

表 7-2　XC 市大气、水体和农田中氟化物含量统计

样品名称	样品数量	含氟范围/ (mg/L)	平均值/ (mg/L)	国家标准/ (mg/L)
大气	100	0.002 2~0.026 0	0.009	0.007
农田土壤(水溶性氟)	100	3.820~6.865	5.058	—
农田土壤(含氟)	100	412~713	483.24	—
地表水	100	0.8~5.6	1.4	1.0
地下水	100	0.5~2.5	1.0	1.0

7.5.2.6　氟中毒地区控氟和预防教育现状

王艳和胡留安于 2007 年在长葛市南席镇某村建立了饮用水型氟病的固定监测点,并在此基础上对其进行了 5 年的动态监测。监测项目对 8~12 岁的儿童进行氟斑牙的调查,并对其尿液中的氟含量进行了测定,同时对生活用水中氟含量进行了测定。研究结果表明,2009 年,监测项目进行了改水将水源中的氟含量控制在 1.0 mg/L 以内。2007~2011 年,8~12 岁的儿童氟斑牙检出率分别为 70.37%、55.17%、65.22%、53.12% 和 45.83%。改水后 3 年相比于改水之前,氟斑牙的检出率有了降低的趋势。在改水后的 1 年里,儿童的尿氟含量出现了明显的降低。这表明,改水降氟能够有效地抑制氟中毒的发展,并且在短时间内,尿氟含量也有了显著的降低。这再一次证实了改水是防治饮用水型地氟中毒最为有效的手段,只有通过改水,才能抑制饮用水型地氟中毒的发生和发展。

2008 年,李亚伟等对 XC 市 254 个自然村 8~12 岁儿童氟斑牙患病情况进行调查,氟斑牙的总检出率为 35.84%,氟斑牙流行指数为 0.69,缺损率为 4.38%,流行强度为轻度流行。254 个村中氟斑牙检出率大于 30.00% 的村有 152 个,占调查村数的 59.84%,也就

是说,水氟含量超标村中氟斑牙的流行程度并不一致。对其原因进行了分析:首先证实了氟斑牙在同一环境中具有遗传易感特征;其次发现部分乡村 8~12 岁的少年儿童数量极少,且氟斑牙的发生率波动较大;还发现由于农村地区饮水形式的多样化,导致了居民对氟化物的摄入量存在差异。例如:部分家庭生活水平较高,直接喝桶装水。根据 XC 市 640 个水氟超标村庄实施的改造方案落实情况来看,其中 68.60%(439/640)的村庄没有实施改造,32.84%(66/201)的村庄项目被废弃,表明 XC 市水氟超标村庄的改造方案实施效果不佳,还有相当大比例的居民生活在高氟地下水环境。

2010 年,胡留安等对 XC 市多个县(市、区)进行饮用水型地方性氟中毒及防治现状调查,发现存在不同程度的氟中毒现象,胡留安等在《2010 年 XC 市饮用水型地方性氟中毒检测结果分析》中表明,通过对 XC 市儿童氟斑牙患病情况的检查,发现氟斑牙检出率的范围为 45.83%~75.86%,氟斑牙流行的指数为 0.71~1.84,这表明 XC 市氟中毒流行强度主要以轻度、中度流行为主。氟骨症检出率为 25.5%,其中重度病例检出率为 2.5%,这说明了本地区部分范围氟中毒较为严重,需要采取降氟措施。对 XC 市区地下水氟含量检测在一定程度上为改水降氟和氟病防治工作提供数据和理论支持。

胡留安、王艳、李亚伟等基于上述调研,于 2010 年又在 XC 市进行了一次地氟病监测,旨在了解氟病防治措施的实施情况,观察氟病的发展趋势,并对改水工程的实施情况进行全面评估,以便对改水期地氟病的防治措施进行适时调整,以及提供科学依据。根据《中央补助地方公共卫生专项资金河南省地方病防治项目管理方案》中规定的监测县数目,以长葛市和建安区作为监测点,通过随机抽样调查,对改水工程进度、改水工程运行状况和氟中毒病情进行了全面调查。长葛市、建安区两项目 2010 年度累计完成 171 个自然村的改水工程,累计改水率为 53.11%,累计受益人口为 18.01 万。2010 年度共监测改水工程 20 个,覆盖自然村 46 个,覆盖人口 4.4 万。其中,大型工程 3 个,占 15%,小型工程 17 个,占 85%;正常运转工程 20 个,占 100%;水氟含量合格工程 19 个,合格率为 95%。监测病区村 6 个,其中未改水村 4 个,水氟浓度>2.0 mg/L 且≤4.0 mg/L 的村有 1 个,水氟浓度>1.2 mg/L 且≤2.0 mg/L 的村有 3 个。改水村 2 个,水氟含量均合格。共检查 8~12 岁学生 316 人,氟斑牙检出率为 59.18%,缺损型氟斑牙检出率为 13.92%,氟斑牙指数为 0.95,氟斑牙流行强度为轻度,如表 7-3 所示。对氟骨症病情监测 3 个自然村,均为未改水村,X 线拍片 161 人,检出氟骨症病例 41 人,检出率为 25.5%。其中轻度病例检出 32 例,占 19.9%;中度病例检出 5 例,占 3.1%;重度病例检出 4 例,占 2.5%,如表 7-4 所示。

2008~2010 年,王艳和胡留安等在全国范围内进行了一项为期 3 年的全面预防和控制地氟病的健康教育研究计划。以长葛市和建安区为研究区,进行了饮用水地氟病的健康教育研究。每年选取 3 个病情较重的乡(镇)为代表性研究区。本书采取了分层抽样的方式,在实施健康教育项目前后,对目标人群进行了问卷调查。

表 7-3　XC 市儿童氟斑牙分度构成汇总

监测村名	检查人数	正常例数	可疑例数	极轻例数	轻度例数	中度例数	重度例数	缺损例数	检出率/%	氟斑牙指数	缺损率/%
吴庄	48	26	0	15	2	5	0	3	45.83	0.71	6.25
辛集	75	34	5	21	7	8	0	7	48.00	0.82	9.33
许西	63	12	4	18	9	20	0	13	74.60	1.56	20.63
刘李	37	5	6	4	5	17	0	7	70.27	1.84	18.92
水牛陈	64	24	6	19	0	10	0	9	53.13	0.96	14.06
北辛庄	29	4	3	10	6	6	0	5	75.86	1.43	17.24
合计	316	105	24	87	34	66	0	44	59.18	0.95	13.92

表 7-4　XC 市 X 线诊断氟骨症病例分度汇总

监测村名	检查人数	正常人数	轻度		中度		重度		病例总数	检出率/%
			例数	%	例数	%	例数	%		
吴庄	50	36	11	22.0	1	2.0	2	4.0	14	28.0
辛集	58	45	11	19.0	1	1.7	1	1.7	13	22.4
许西	53	39	10	18.9	3	5.7	1	1.9	14	26.4
合计	161	120	32	19.9	5	3.1	4	2.5	41	25.5

　　李光、赵建民等对建安区已建成的改水工程的运行、管理、水质达标、工程用水的氟含量进行了详细的分析，并对其防治效果进行了客观的评估，为今后的防治提供了科学的依据。按照 XC 市 2014 年氟病防治改水成效评估方案的要求，对 XC 市不同历史阶段修建的所有不同类型的改水工程，开展改水进度、基本状况及管理等方面的工作，并对改水工程的水质进行了监测。统计数据表明，全省共有 14 个乡（镇）402 个村，总人口为 694 247 万。其中，氟骨症患者总数为 121 746 人，有 139 个村。2006~2014 年上半年，全市完成了 75 项改水项目，涉及 14 个乡（镇）164 个村，完成了 40.80% 的改水率，受益人口 2 824 279 人。改水工程涉及 75 个病区自然村，覆盖病区人口 69 991 人；改水容量为 12 113 t/d，均为井水（45~450 m 井深）。75 座改水项目中，72 座改水项目已建成，改水项目合格率 96.00%。

　　为开展氟中毒地方性健康教育评估工作，杨合灿等对禹州市鄢陵县、长葛市、建安区、魏都区等 6 个县（市、区）开展氟中毒地方性健康教育工程。每个项目评选出病情最重的 3 个乡（镇）进行评选。一级目标人群为 18~40 岁妇女和 4~6 年级小学生；二级目标人群包括相关部门各级领导、乡（镇）卫生院院长、防保专干、小学教员、村干部和村医。采用与基线调查相同的问卷，在 3 个项目乡（镇）中心小学随机抽取 30 名学生，以及附近的 15 名妇女，进行问卷调查。结果表明，健康教育后，除长葛市成人外的人群的地方性氟中毒防治知识知晓率和正确健康行为比例明显提高，证明健康教育作为地方性氟中毒控制的重要手段之一是切实可行的,尤其是将其作为疾病控制的基础平台实施多层面的控制措施,必将收到事半功倍的效果。需要说明的是,在本次氟中毒教育调查过程中发现,长葛市氟病区高度集中在个别乡(镇),由于多年来反复对病区村进行病情调查和监测,病区村群众对饮水型氟中毒的相关知识有了一定的了解,调查问卷涉及煤烟型氟中毒的相关问题,而该项目长葛市在开展健康教育活动时并未涉及此项内容,问卷调查中部分群众将煤烟型氟中毒、饮水型氟中毒进行了解答,这是长葛市在防治知识知晓率和正确健康行为比例方面没有明显提高的原因。

7.5.3　氟中毒地区控氟存在的问题

2011 年,XC 市疾病预防控制中心在全市范围内开展了一次全面的系统流行病学调查,旨在弄清 XC 市饮用型地氟病的流行状况,明确其防治策略,为地方性氟中毒的防治提供科学依据。调查结果显示,XC 市有 645 个自然村,水氟值大于 1.0 mg/L,超出了饮用水氟化物浓度的标准,大大超过《河南省地方性氟中毒防治研究概要》所确定的饮用水氟化物病区村 392 个,而且原来确定的病区村与这次筛查发现的饮用水氟化物浓度过高的村在很大程度上不再重合,表明 XC 市饮用水氟化物浓度已经有了很大的变化,山东省、宁夏回族自治区、河南省安阳市及周口市也有类似的报告。这说明,饮水型氟中毒病区并非一成不变,新的病区还在不断被发现,而旧的病区也有可能因为社会经济、生活方式和外部环境的变化而从地方病的威胁中解脱出来,若不对病区的范围进行及时的调整,就不能对那些遭受高氟水威胁的人群进行有效的预防和控制。因此,要加强对疾病的监控,并在监控的基础上对病区进行动态的判断,以便能够针对病区的实际情况,采取相应的预防和干预措施。

河南省地质局霍光杰团队于 2018 年对该区地下水进行了氟化物的调查,查明了该地区地下水的氟化物分布特点,并分析了高氟水的分布特点和形成原因。这对保障居住区居民饮水安全,寻找安全的水源,进行地氟病的预防和控制都有一定的现实意义。研究人员运用生态学和环境科学的方法、理论,研究地下水中氟的迁移、富集规律及形成机制,为开展降氟处理研究、地氟病防治对策研究、新农村建设的水源改造提供地质科学依据。提出了河南省地氟病的预防和控制策略:通过开发中、低氟地下水和引水工程,找到适宜饮用的中、低氟水源,使其达到良好的生活质量;采取生态降氟方法,对浅部地下水和粮食中的氟进行了减少;对饮用水进行降氟,其中包括使用骨炭、明矾等多种化学药剂进行化学处理,以及使用冷冻、煮沸等物理化学方法进行降氟。生态降氟、变温降氟是第一次被提出并被证明的两种方法。

改水是控制饮水型地方性氟中毒的有效方法,只有通过改水才能控制饮水型地方性氟中毒患者的发生和发展。李光、赵建民等学者于 2014 年开展建安区氟中毒含量及氟含量控制的研究。相关研究显示,氟含量为 1.0~1.5 mg/L 的饮用水,多数地区氟斑牙患病率在 45% 以上,且中、重度患者明显增多,氟含量为 0.5~1.0 mg/L 的饮用水,氟斑牙患病率在 10%~30%。而水氟含量为 0.5~1.0 mg/L 的地区,居民龋齿患病率仅为 30%~40%,低浓度时随着饮水氟含量的增加,儿童龋齿患病率逐渐降低;中浓度时,无明显作用;高浓度时,随着饮水氟含量的增加,儿童龋齿患病率逐渐升高,长期摄入过量氟可引起氟斑牙和氟骨症。建安区饮水工程氟浓度 90% 以上的浓度为 0.30~1.00 mg/L,可得该区改水工程的水氟含量大多数比较合适。虽然多数水氟含量比较适宜,但仍存在许多氟含量超标的工程,水氟超标会导致新增病区人数接近改水覆盖病区人数的一半,改水工程水氟超标已有报道,被大众所知,就会出现大量新的病区群众集中饮用高氟水的情况,改水工程并不能发挥应有的作用,通过改水降氟来防治饮水型地方性氟中毒作用甚微,病区群众仍面临着氟中毒的伤害。

为了防治地方性氟中毒,保护人群健康,2011 年 XC 市疾病预防控制中心的申宝霞等对 XC 市所管辖的鄢陵县、建安区、长葛市以及魏都区 4 个县(市、区)所有已建改水降氟工程进行了调查,并针对发现 XC 市属饮水型地方性氟中毒病区进行改水降氟,地氟病防治工作已经取得较大成绩,但防治工作仍然面临严峻挑战。调查结果表明,XC 市改水降氟工程目前运转状况较差,工程报废的现象突出。333 家改水降氟工程真正投入使用的仅有 122 家,占总工程数的 36.64%,报废工程则占 63.36%,并且工程报废率随使用时间的延长日益增多,目前 XC 市使用的工程大多为 1990 年以后建造的,而 20 世纪 80 年代建造的改水工程基本上报废。

对上述情况进行原因梳理,发现主要涉及以下层面:①管理存在问题,规章制度不健全,管理人员素质参差不齐,责任心欠缺,发现问题推卸责任,不能对已建工程进行及时维修,造成工程设施损坏报废,部分报废工程甚至从未投入使用。②改水经费投入不足,从而导致低投入、低产出,无法达到井深、井壁质量等必备的条件,难以确保工程质量达标。③伴随工程使用时间的延长,部分工程会自然老化。本次调查中发现,改水降氟工程水氟超标现象较为突出,从此次监测结果可以看出,31.15%正在使用的工程水氟出现超标状况。井壁材料是保证工程质量和水氟稳定不可忽视的因素,合格的钢管井壁材料坚固耐用、密封性较好,能够有效地对高氟层地下水渗透进行阻隔,使工程水氟含量相对稳定。而水泥和砖管井壁材料易发生错位、塌陷和密封不严的现象,不同水氟层地下水相互渗透,工程水氟稳定性较差。另外,井水氟含量与井深呈明显的负相关。水泥或砖管井壁是 XC 市改水降氟打井工程主要使用的材料,部分水井深度不够,加上工程使用年限过久以及 XC 市在水文方面资料有限,改水降氟打井找低氟水大多存在着盲目性,均是改水降氟工程水氟超标的原因。改水降氟关系着无数家庭的健康,因此应最大限度地发挥改水降氟工程使用年限和效益,建造高质量的改水降氟工程,建立可持续的改水降氟工程管理机制,提出今后地氟病防治工作中应值得高度重视的课题。另外,各级领导应高度重视此项工作,加大管理力度和效度,重视建设质量,确保群众能够真正喝上低氟水;与此同时,各级政府和疾病预防控制机构对地氟病危害的宣传应多角度普及,使人民群众真实地了解地氟病防治知识,同时应强化群众的责任意识,教育病区群众自觉维护并管理好改水降氟工程,从而确保地氟病防治工作的落实。

改水率低主要是由于部分水氟含量超标村未及时划入病区范围而不能纳入国家改水降氟计划。工程报废率高,一是多数工程从 20 世纪 80 年代开始建设,年久失修,更无专人维修,导致工程老化;二是对改水项目的验收缺乏有效监管,对项目的运行缺乏长效、有效的管理机制。因此,饮水型氟中毒要有效预防:一是对达到病害判定标准的村庄,要及时实施干预措施;二是对改水村建立工程监督管理长效有效机制,确保工程正常通水;三是加强健康教育工作,提高居民群众自觉防病意识,使他们主动配合落实各项预防措施,防患于未然。目前 XC 市饮水型氟中毒疫情分布变化较大,病区范围扩大,而现行改水降氟措施落实不理想,无法适应防治饮水型氟中毒的需要。总之,饮水型氟中毒与群众行为模式的关联度虽不及煤烟型,但仍需要广大群众主动参与防治过程。在病区开展健康教育活动,有效地提高了群众的卫生意识,改变了被动预防疾病的观念,使局部氟中毒得到更快的控制。

同时发现,改水降氟工程报废率随时间推移而增多,20 世纪 80 年代以来建成的改水降氟工程基本上全部报废。导致建设工程报废的原因主要有:第一,个别地方存在“面子”工程;第二,建设过程把关不够严格,验收环节未落实;第三,已建工程管理不妥当,一些已建工程规章制度不健全,管理人员素质参差不齐,责任心不强,发现问题推诿,不能对工程进行及时维修,导致工程出现损坏报废,甚至有部分报废工程自建成以来从未投入使用;第四,工程建设各方投入不足,原、辅材料质量低劣,打井深度不足、井壁密封不严,基本工程质量都难以保证;第五,建设工程维护工作未能做到位,伴随着工程使用时间延长,维护不及时,导致部分工程自然老化。

饮水型氟中毒病区改水降氟是人民群众身心健康的民心工程,因此建设高质量的改水降氟工程,建立可持续的改水降氟工程管理机制,是今后饮水型氟中毒防治工作中值得高度重视的问题,应最大限度地提高改水降氟工程的使用寿命和效益。就技术层面而言,项目立项、选井选址、原料供应、打井施工、成井验收、水氟监测、使用维护等过程都需要加大管理力度,让病区群众真正喝上低氟水;各级政府和疾病预防控制机构在加强地氟病危害宣传教育的同时,也要强化当地群众的责任意识,让患病地区群众对改水降氟项目进行自觉维护和管理,切实做到防患于未然。

从改水降氟工程监测情况来看,全市改水降氟工作还存在一些不容忽视的问题,如因管理制度不健全、水质监测不及时或工程质量问题等导致工程失修、破损、报废现象比较严重,出现较多的水氟复原现象等。根据上述情况,研究人员提出,在今后的改水降氟工作中,一是卫生和水利部门要加强协作,分工合作,合力把好项目施工质量关。卫生部门要做好水氟监测和病情调查工作,为改水提供科学的基础。水利部门要对水源进行科学勘测,选好井位,科学施工,把好工程质量关。二是已建改水项目要加强管理,建立管水、设备维修等规章制度,同时要建立工程技术档案,加强水质氟化验,发现水质不符合卫生标准的,要及时采取补救措施与整改措施,确保群众吃上放心水。三是制定合理的收费标准,走供水商品化道路,根据当地群众的经济收入状况,保持项目的正常运转,使每一个项目都能发挥效益。四是加大资金投入,加快改水降氟步伐,力争病区群众都吃上低氟卫生水,从地氟病的危害中早日摆脱出来。五是加强健康教育,普及地氟病防治知识,强化病区群众的卫生防病意识,使其积极投身到地氟病防治工作中来,促进改水降氟工作深入开展。XC 市地处黄泛区,控制饮水型氟中毒的重要措施是改水降氟,同时,加强改水工程建设的科学论证和严格把好竣工时工程的验收,杜绝不合格工程投入使用。因此,建议工程建设或管理部门增设除氟设备对水质进行降氟处理,或重建新的改水工程,使病区群众真正饮用上符合国家标准的生活饮用水。

第8章　XC市氟中毒地区改水降氟现状调查

　　XC市位于河南省中部,是河南省饮水型地氟病的重点影响区域,2005年初XC市对全市2 300多个村庄进行的饮水安全情况调查显示:XC市农村饮水不安全人数为133.8万,占全市农村人口的36.6%,其中氟超标人口达到了64.9万,占不安全总人数的48.5%,XC市氟中毒情况仍然严重。1982年XC市开始建设改水降氟工程,工程切实解决了受高氟地下水影响地区群众的饮水氟健康问题,该工程已经为24万人提供了安全的低氟饮用水。作为一项长期使用的民生工程,改水降氟工程面临使用年限影响工程质量的问题,工程破损数量逐年增加。有关河南省改水降氟工程的调查结果显示:改水降氟工程水井报废率和水氟超标率与工程使用时间成正比。因此,对改水降氟工程的持续监测调查是保障工程正常运行和饮水安全的一个重要措施。本次有关XC市改水降氟工程的调查旨在发现调查区内工程可能存在的问题,同时对工程建设提出一些合理的建议,以期对本地群众的饮水安全提供更有效的保障。

8.1　XC市改水降氟工程现状

8.1.1　工程调查方法和内容

　　本次工程调查查阅以往有关本地改水工程的资料,为本次调查提供依据,并与本次调查结果进行对比分析,采取重点地区实地调查的方式对氟病区改水降氟工程进行调查。根据相关文献资料和咨询疾控中心地方病防治科等部门将调查地点确定为:建安区陈曹乡、邓庄乡塔东与塔北村;鄢陵县马栏镇、南坞镇;长葛市古桥镇、南席镇。同时在每个乡(镇)调查区选取15户左右进行走访,调查改水后饮水群体对水源对象的选择。

　　工程调查内容包括:本地改水降氟工程运行状况、工程建设时间、水源类型、储水方式、井深、井壁材料、输水管线材料、运行状况、水质监测周期、工程管理模式。在调查工程的同时,还收集有关在新型农村饮水安全工程建设前的改水状况,并与河南省整体情况进行对比,了解XC市改水状况在全省范围内所处的水平。

8.1.2　调查结果与分析

　　本次工程调查的对象为新型农村饮水安全工程井与家庭机井,调查时间为2005年3月3~15日,共调查了7个改水降氟工程。调查结果为:7个工程改水形式采用打井,水源类型为深层地下水,储水采用压力罐(见图8-1)。

　　供水方式采用集中供水,一井供应一个自然村(组)或聚居地;井壁材料均为水泥管,工程采用沙土密封;输水管线采用硬性塑料管,家庭端使用普通白色PVC管材;供水站水质监测具体由各级疾控中心负责,监测频次为一年2~3次,一般丰水期与枯水期各一次

图 8-1　南坞乡改水降氟工程储水压力罐

(见表 8-1)。

表 8-1　改水降氟工程调查

水站	使用时间/年	井深/m	运行状况	监测频次/(次/年)
马栏镇	3	>100	正常	2~3
南坞镇	3	>100	正常	2~3
陈曹乡	3	>100	正常	2~3
南席镇	3	>100	异常	2~3
卜寨村	3	缺失	缺失	缺失
古桥镇	2	>100	正常	2~3
塔东、塔北村	3	>100	异常	2~3

　　调查发现:所有调查的供水站有生活人员驻守,没有专业人员常驻管理;供水站管理采用村委会(村民)自主管理模式。南席镇停电导致水站停止供水,道路作业破坏供水管道。塔东与塔北村原供水站停止使用,自来水由临时水井供给。卜寨供水站无人作业,设备自行运转。调查结果显示:所有供水站使用时间基本在 3 年左右,井深都在 100 m 以上。调查发现在各个地区存在不同程度的自来水与机井水混用情况。家庭机井采用打井方式;水源类型为浅层地下水;无储水压力罐;取水方式有电机抽水和压水井抽水;井壁为一般小口径塑料管;水井一般为半封闭或开放式;井深都在 100 m 以内,机井水一般用于家庭洗衣、农村房屋建设用水,存在作为饮用水用途的现象。调查共走访了 50 户家庭,均认为改水降氟工程解决了用水难问题,但存在供水时间限制、停水情况频繁的问题;15 户家庭将自来水和机井水同时作为饮用水,2 户家庭将机井水作为饮用水,不使用自来水。

　　本次调查结果显示,改水工程井壁材料多为砖管和水泥管。作为地下水井管材,由于特殊的使用环境,砖管或水泥管损坏速度更快,同时管材密闭性差,井内深层地下水容易受到浅层高氟地下水的渗漏污染。XC 市缺少详细的地下水水文资料,工程井选址一般为了节省建设经费和方便水源使用,均是就近原则选择打井地点,选址存在盲目性。从调查结果看出,农村饮水安全工程工程设施虽具备良好的规划,但缺乏停水预防措施,停电停水和工程坍塌情况没有制订预备应对措施;工程管线埋设存在安全问题,埋藏深度小,容易受到其他工程施工的破坏,影响正常供水,可能造成二次水质污染。供水站采用的是行政村管理模式,这种管理模式满足了供水站规模小的状况,但由于设备日常维护由村委会负责,容易受人为影响,同时缺乏专业人员队伍,容易出现供水站供水不正常问题,行政村管理模式不是工程长期管理模式的最优选择。

为了调查清楚 XC 市改水降氟工程整体情况与河南省改水降氟工程情况是否具有一致性,将二者进行了比较分析(见表 8-2)。

表 8-2　XC 市与河南省改水降氟工程对照

地区	调查时间	调查工程数	正常使用工程	报废工程数	超标工程数
XC 市	2008	316	199(62.98%)	117(37.02%)	缺失
	2014	433	222(51.27%)	211(48.73%)	38(17.12%)
河南省	2006	4 345	3 092(71.16%)	1 116(25.68%)	553(17.51%)

从表 8-2 中可以看出:与 2008 年 XC 市情况相比,6 年内工程增加了 117 处,增长率为 34.82%。工程正常使用比例下降了 11.71%。XC 市改水降氟工程正常使用工程的比例小于河南省整体比例,报废工程比例高于河南省整体比例,其中 2008 年 XC 市报废比例比 2006 年河南省整体报废比例高了 11.34%,从超标工程比例来看,XC 市工程恶化状况稍好于河南省整体情况。调查结果表明:XC 市改水降氟工程报废比例高于河南省整体水平,工程氟超标水平与河南省基本情况相同。工程建设进展较好,报废情况仍在持续恶化,没有得到有效的遏制,工程氟超标情况没有得到很好的防治。

8.2　改水地区饮用水氟含量特征

8.2.1　水样采集及样品测试

饮用水氟含量调查对工程已改水和农户机井未改水进行水样采集。采样瓶使用普通聚乙烯塑料瓶,先用蒸馏水冲洗 3 次,再在采样点续用被采样水源冲洗 3 次,分别记录采样时间、采样顺序。改水工程由于采用的是集中供水方式,所以仅采集源头水一份。机井未改水采集方法借鉴土壤采样的五点取样法,在被调查村落的四角和中心或一条对角线上进行水样采集,采 3~5 瓶水样 28 份:陈曹乡改水水样 1 份,未改水水样 2 份;南坞镇与卜寨村改水水样 1 份,未改水水样 4 份;马栏镇改水水样 1 份,未改水水样 6 份;南席镇改水水样 2 份,无未改水水样;古桥镇改水水样 1 份,未改水水样 2 份;塔东与塔北村改水水样 2 份,未改水水样 6 份。水样中氟含量的测定均采用氟离子选择电极法。

8.2.2 试验结果与分析

水样水氟含量见表 8-3。

表 8-3 水样水氟含量

编号	地点	类型	氟含量/（mg/L）	编号	地点	类型	氟含量/（mg/L）
1	陈曹乡	已改水	0.32	15	马栏镇	未改水	1.25
2	陈曹乡	未改水	0.68	16	南席镇	已改水	0.10
3	陈曹乡	未改水	1.05	17	南席镇	已改水	0.10
4	南坞镇	已改水	0.60	18	古桥镇	已改水	0.33
5	南坞镇	未改水	1.26	19	古桥镇	未改水	0.76
6	南坞镇	未改水	0.99	20	古桥镇	未改水	0.87
7	卜寨村	未改水	0.85	21	塔东村	已改水	0.35
8	卜寨村	未改水	0.75	22	塔东村	已改水	0.32
9	马栏镇	已改水	0.14	23	塔东村	未改水	0.85
10	马栏镇	未改水	1.87	24	塔北村	未改水	2.38
11	马栏镇	未改水	0.66	25	塔北村	未改水	1.15
12	马栏镇	未改水	1.58	26	塔东村	未改水	0.32
13	马栏镇	未改水	0.12	27	塔东村	未改水	0.39
14	马栏镇	未改水	0.87	28	塔东村	未改水	0.85

根据各水样氟浓度值得到各采样点工程已改水和机井未改水氟含量条形图，如图 8-2 所示。

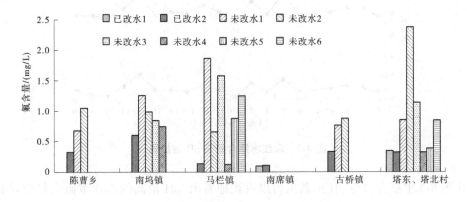

图 8-2 各村落水样氟含量条形分布

国家饮用水安全标准将饮用水氟含量超标程度划分为轻度(1.10~2.00 mg/L)、中度(2.10~4.00 mg/L)和重度(≥4.10 mg/L)。通过调查得知,改水前各村(镇)水氟含量分别为:南坞镇4.09 mg/L、马栏镇4.05 mg/L、古桥镇3.20 mg/L、南席镇1.39 mg/L,本次调查中8个调查点已改水氟含量全部小于1.00 mg/L,已改水氟含量平均值为0.31 mg/L,各村落已改水氟含量平均值按照由高到低顺序排列为:南坞镇0.60 mg/L、塔东与塔北村0.35 mg/L、古桥镇0.33 mg/L、陈曹乡0.32 mg/L、南席镇0.18 mg/L、马栏镇0.14 mg/L(见表8-3、图8-2),与各村(镇)改水前比较,水氟含量有了明显的下降,均从中度、重度高氟水下降到安全饮用水标准。各村(镇)已改水氟含量与整体已改水氟含量相比较发现:南坞镇平均值与整体平均值比较明显偏高,塔东与塔北村、古桥镇、陈曹乡与整体平均值基本一致,南席镇、马栏镇低于整体平均值,各村(镇)改水后饮用水氟含量有了明显下降。

20个未改水水氟含量平均值为0.96 mg/L,小于1 mg/L的有13个,占未改水样本总数的65%;1.1~2 mg/L的有6个,占未改水样本总数的30%;2.1~4.0 mg/L的有一个,占未改水样本的5%,各村(镇)未改水平均值由高到低为:马栏镇1.06 mg/L、塔东、塔北村0.99 mg/L、南坞镇0.96 mg/L、陈曹乡0.88 mg/L、古桥镇0.82 mg/L。塔东、塔北村存在中度超标的严重情况。改水前后水氟含量对比结果表明:调查区域内新型农村饮水安全工程氟含量符合国家标准。通过各村(镇)已改水水氟含量与整体平均值比较发现:南席镇、马栏镇改水效果最显著,南坞镇水氟含量明显高于平均值,已改水水氟含量与改水前水氟含量对比结果表明:调查区域内浅层地下水氟含量有了明显变化,这种变化表现在浅层地下水水氟含量有了明显下降,仍存在部分地区水氟含量在中度水平以上的情况。

在对水样进行氟含量调查的同时,测定了水样的pH值,观察水氟含量与pH值间是否具有相关关系(见图8-3),pH值结果显示:所有机井水pH值均大于7.0,最小值为7.2,最大值接近10.0,说明调查区域内浅层地下水偏碱性。

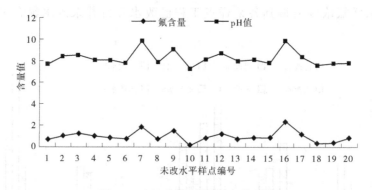

图8-3　未改水氟含量与pH值折线

从图8-3中氟含量与pH值数据可以直观地看出,pH值高的水样水氟含量也具有一个相当高的数值,二者走向具有非常高的一致性,通过对pH值和氟含量进行皮尔逊相关性分析(见图8-4),结果显示未改水(浅层地下水)氟含量与pH值在0.01水平(双侧)上显著相关,相关系数为0.642,表现为中度相关。说明在调查区域内,浅层地下水中的氟含量确实受到 pH 值的影响,从散点图(见图 8-4)可以看出,这种相关性不强,表明 pH 值对本地区地下水氟含量的影响没有决定性作用。本次水样采集时间选择在枯水季节,浅层地下水 pH 值偏高,对试验结果有一定的影响。根据对永城矿区影响地下水氟含量因素进行的试验调查得知:地下水的 pH 值对氟在地下水中的存在形态具有决定作用,氟元素以负离子的形态存在数量随 pH 值的升高而增加,同时 pH 值偏向碱性,更有利于提升含氟矿物在水中的溶解速率,地下水氟含量与 pH 值存在着明显的相关性。XC 地区的潮土中丰富的含氟矿物为形成高氟地下水环境提供了氟元素来源,土壤中氟化物通过地表水与地下水的交换,持续不断地进入地下水中,地下水的偏碱性有利于氟化物的溶解,加速了本地区高氟地下水的形成。这种相关性是否具有普遍性,还需要更长时间和更广范围的试验证明。

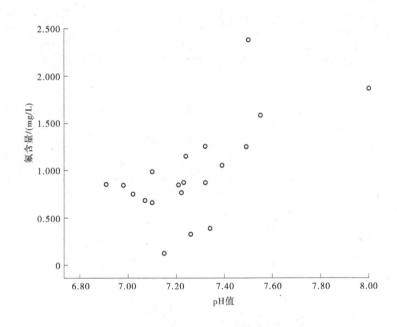

图 8-4　未改水氟含量与 pH 值相关性散点分布

通过本次对 XC 市改水降氟工程的调查,可以发现随着大部分 20 世纪 80 年代建设的工程已到报废年限,改水工程报废比例逐年升高,XC 市 2014 年工程报废数量比 2008 年增加了近 100 个。新型农村饮水安全工程缓解了因改水降氟工程报废产生的问题。本次调查中新型农村饮水安全工程水样氟含量全部低于 1.00 mg/L,达到了降氟目的。未改水水样中未超标样本水氟含量主要分布在 0.50~1.00 mg/L,达到了饮用水标准,未改水超标水样氟含量以中度超标为主,未出现高氟水,说明调查区域内浅层地下水具有作为直接饮用水的可能。通过调查了解到,XC 市改水降氟工程经历了两个阶段:2005 年以前为单独的改水工程体系,2005 年以后在国家在氟病区开展饮水安全工程建设的背景下,氟病区开始修建新的饮水工程。本次调查发现,新工程虽然重新为氟病区群众饮水安全建立了保障,但仍存在规模小、管理制度不完善的问题,希望通过本次调查能够为后续的工程建设提供一些参考。

制定严格完备的工程管理制度,能够提高工程水质保障,且能够保证及时发现工程中存在的隐患。

(1)建设大型水厂能够在满足群众饮水需要的同时还产生一定的经济效益,与大型水厂相契合的商业管理模式在利益驱动下能够更好地保障水质安全。

(2)工程已改水与机井未改水混用这一实际情况应该被重视起来,在推广使用工程已改水的同时,应宣传家庭式净水技术,为氟病区群众饮水安全提供更多的技术保障。通过本次调查,希望新型饮水安全工程在以后的建设中能够避免与改水降氟工程相同的问题,真正建设成为保障氟病区群众饮水安全的民心工程。

第 9 章　XC 市不同区域水体氟含量特征

XC 市的供水水源主要依靠地下水,随着社会和经济的进一步发展,人们生活水平不断提升,对水资源不仅在数量上有要求,对水质也有了更高的要求。XC 市属于饮水型地方性氟中毒病区,申宝霞的研究显示,为保障 XC 市人民群众身体健康,XC 市从 20 世纪 80 年代就开始建设改水降氟工程,虽然通过降低饮水氟含量使地氟疾病取得了成效,但在 XC 市鄢陵县、建安区、长葛市以及魏都区 4 个县(市、区)全部建设的改水降氟工程调查后,发现水氟超标现象仍比较突出,对当地居民的身体健康产生严重影响。XC 市由于受自然条件限制,地表水资源缺乏,因此工业生活用水以地下水开采为主。XC 市 2010 年总用水量为 7.52 亿 m³,地下水占 63.5%。因此,为保障居民生活、工业化及农业化的正常运行,需要对 XC 市区不同地点的地下水氟含量特征进行调查研究。

9.1　XC 市区地下水氟含量特征

地下水是维持居民生活、工业和农业活动正常运行的重要资源,近年来,在 XC 市部分县(市、区)的农村已经出现氟中毒现象,主要是因为长期饮用氟含量超标的地下水,因此 XC 市区氟含量特征的调查研究将为防治提供理论依据;目前对于魏都区氟含量特征的相关学术研究还比较缺乏,本节的研究结果为魏都区地下水氟含量的研究提供数据以及理论依据;为了保障居民的身体健康,迫切需要对 XC 市区地下水的氟含量进行检测并提出相应的改水措施。需要注意的是,由于 2014 年 XC 市的南水北调工程已开通,所以 XC 市区大部分的饮用水来源是南水北调的水,但在 XC 市区的部分城中村和周围大部分农村依然将地下水作为生活饮用水。因此,本书的研究结论对 XC 市区依旧使用地下水作为生活饮用水的居民可提供相应的数据指导。

9.1.1　样品采集及测试

本次样品采集工作于 2016 年 3 月 9~13 日进行,在 XC 市区进行了为期 5 d 的采样,采样前,根据 XC 市区的区域范围,设计采样点位置,对研究区进行分区,分为北、西、中、西南、东南 5 区,每区进行 3~5 个采样,共设置 20 个采样点。采样点分别位于 XC 市区的半截河乡、文峰街道、丁庄街道、西大街街道、高桥营街道、七里店街道、XC 经济技术开发区 7 个街道办事处,在焦庄、申庄板桥村、孙庄等 20 个地点进行采样,采样地点见图 9-1。

采样时,采用瞬时采样法,根据实际情况,采样容器选用聚乙烯塑料瓶。采样之前要将采样容器用采样样品反复清洗 5 次,再进行取样。每个地点先采取 500 mL 样品,再取一份 500 mL 的平行样品。对于采集的每个样品,均应在现场立即用蜡封好瓶口,并贴上标签,标签上应注明样品编号、采集地点和采集日期。

图 9-1　XC 市地下水采样点

9.1.2　样品氟含量特征

　　2016 年 3 月 9～13 日对整个 XC 市区 20 个采样点地下水氟含量特征进行研究,如表9-1 所示。结果表明,XC 市区地下水中均检测出氟化物,其检测率为 100%。总体来说,XC 市区氟含量变化为 0.043～1.272 mg/L,最高值是最低值的约 30 倍,平均值为0.782 mg/L,中位数为 0.806 mg/L,氟含量特征值见表 9-2,地下水氟含量超标率为 25%。氟含量达标率为 60%。在 20 份样品中,抽取 5 份平行样品进行检测,平行样品与原样品检测数据结果一致。

表 9-1　XC 市区地下水氟含量水平统计

编号	街道办事处（乡、镇）	采样点	氟含量/（mg/L）	编号	街道办事处（乡、镇）	采样点	氟含量/（mg/L）
1	半截河乡	焦庄	0.80	11	高桥营街道	俎庄	0.68
2		申庄	0.04	12	七里店街道	五郎庙村	0.81
3		马岗村	1.09	13		吴庄	1.27
4	文峰街道	毓秀社区	0.83	14		孙庄	0.79
5	丁庄街道	洞上村	0.68	15		付夏齐	0.92
6		北关村	0.57	16		孙庙村	0.86
7	半截河乡	赵湾村	0.71	17	XC 经济技术开发区	徐庄	1.10
8	西大街街道	关帝新村	0.92	18		罗庄	1.13
9	高桥营街道	老吴营村	0.46	19	七里店街道	董庄	0.58
10		板桥村	1.09	20	新兴街道	裴山庙	0.29

表 9-2　XC 市区地下水氟含量特征值

特征值	含量范围	均值	众数	中位数	偏差	饮用水氟含量标准
氟含量/ （mg/L）	0.043～1.272	0.782	0.01	0.806	0.3	≤1.0

　　河南省是我国地方性氟中毒患病大省，根据已有的饮用水氟含量调查结果分析，饮用水氟含量超标水源在河南省分布十分广泛，水氟含量>1.0 mg/L 的地区占河南省的 11.70%，高氟水源分布占 77.2%（122/158）。XC 市区的地下水氟含量超标率为 25%；水氟含量 2.0 mg/L 以下的为轻度超标，河南省饮水氟超标主要以轻度超标为主，XC 市区的地下水氟含量同样主要以轻度超标为主；浅层地下水是河南省水氟超标的主要水源，XC市区水氟超标也是以浅层地下水为主的；河南省高氟水源主要分布在河南省东部、东南部和东北部大范围的黄河冲积平原，XC 市区高氟地下水主要分布在 XC 市区周边。从以上两者对比来看，河南省与 XC 市区的水氟调查结果同样不容乐观，水氟超标类型都是以轻度超标为主，且水氟超标主要水源都是浅层地下水。因此，XC 市区做好改水降氟工作对河南省其他高氟地区具有重要的借鉴意义和指导意义。

9.1.3　XC 市区地下水 pH 值特征

　　XC 市区地下水 pH 值水平统计见表 9-3。

表 9-3　XC 市区地下水 pH 值水平统计

编号	街道办事处 （乡、镇）	采样点	pH 值	编号	街道办事处 （乡、镇）	采样点	pH 值
1	半截河乡	焦庄	7.40	11	高桥营街道	俎庄	7.22
2		申庄	7.54	12		五郎庙村	7.26
3		马岗村	7.49	13	七里店街道	吴庄	7.50
4	文峰街道	毓秀社区	7.42	14		孙庄	7.34
5	丁庄街道	洞上村	7.41	15		付夏齐	7.29
6		北关村	7.34	16		孙庙村	7.16
7	半截河乡	赵湾村	7.48	17	XC 经济技术 开发区	徐庄	7.10
8	西大街街道	关帝新村	7.49	18		罗庄	7.56
9	高桥营街道	老吴营村	7.40	19	七里店街道	董庄	7.38
10		板桥村	7.40	20	新兴街道	裴山庙	7.78

9.1.4　XC 市区地下水氟含量与 pH 值的相关性分析

　　已有研究表明，pH 值对氟在水中的赋存状态有较大影响，酸碱度是影响地下水氟含量的重要因素。其中,在中性与偏碱性的地下水中,氟的存在形式有 10 多种,例如 CaF^+、AlF^{2+}、$BF(OH)_3$、AlF_4^{-1}、MgF^+、F^-。其中 F^-、CaF^+、MgF^+ 为主要存在形式,伴随着 pH 数值的增大,F^- 所占的百分比也将增大。水中 Ca^{2+} 的活度在碱性、偏碱性水的影响下降低,因此地下水中 F^- 的聚集因为抑制作用的削弱从而有利于地下水中 F^- 的增多。由图 9-2 可以看出,XC 市区地下水的 pH 值为 7.0~8.0,pH 值与水氟含量的相关性不明显。运用 SPSS 软件对 XC 市区地下水氟含量与 pH 值进行相关性分析,得出其相关系数为 -0.293 4,呈弱相关。也就是说,研究区域内 pH 值不能直接影响氟含量,只是一种影响因素。

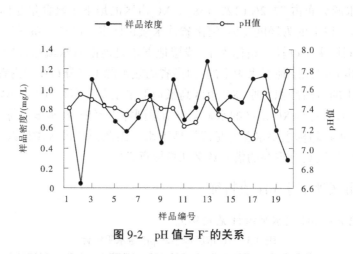

图 9-2　pH 值与 F^- 的关系

9.1.5　讨论

9.1.5.1　XC 市区地下水氟含量水平与人体健康

本次研究的样品均为居民生活饮用水、农业及工业用水,故其质量标准应参照《地下水质量标准》(GB/T 14848—2017)中Ⅲ类饮用水的质量标准,根据《地下水质量标准》(GB/T 14848—2017)中毒理指标的氟化物指标为 1.0 mg/L,地下水中氟含量最适宜的范围为 0.5~1.0 mg/L。当水中氟含量低于 0.5 mg/L 时,长期饮用会使人体因缺氟而产生骨质疏松、龋齿等身体疾病。当饮用水中氟含量小于 0.21 mg/L 时,龋齿的患病率为 29.7%;当饮用水中氟含量为 0.81 mg/L 时,对人体健康基本无影响;当饮用水中氟含量为 1.0~2.0 mg/L 时,人体氟斑牙患病率在 30% 以上。检测结果显示,在被检测的 20 个采样点中,其中 5 个采样点的氟含量指标大于 1.0 mg/L,它们分别是马岗村、板桥村、五郎庙、吴庄村、徐庄村、罗庄村,超标率为 25%,如图 9-3 所示。氟含量小于 0.5 mg/L 的地点为申庄村、老吴营村、裴山庙,低氟率为 15%,如图 9-4 所示。XC 市区内地下水氟含量达标率为 60%,属于基本达标。

9.1.5.2　XC 市区地下水氟含量超标成因浅析

结合野外现场调研情况和对已有研究资料的梳理,对本次研究数据进行分析研究,初步了解 XC 市区地下水中氟超标成因,如图 9-5 所示。

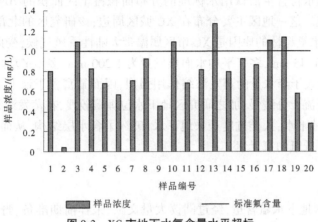

图 9-3　XC 市地下水氟含量水平超标

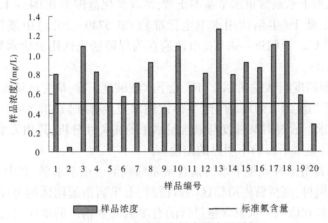

图 9-4　XC 市地下水氟含量水平过低

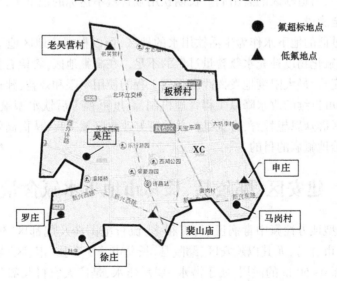

图 9-5　XC 市区地下水氟含量不达标采样点分布

XC 城区地下水符合生活饮用水标准的分布面积占全区面积的 70%,且主要分布在
XC 城区内部区域。这一地区主要分布在 XC 城区周边;该研究区的北部、东南部和南部
都是低氟区域。水氟超标的原因是 XC 市区属温带大陆性季风气候,受此气候影响,多年
平均降水量为 721.45 mm,多年平均水面蒸发量为 1 200 mm,多年平均陆面蒸发量为 550
mm。由于蒸发量大于降水量的蒸发浓缩作用强烈,因而氟富含于地下水,且平原地区地
势平坦,地下水径流十分缓慢,加之研究区地下水位埋藏较浅,在蒸发浓缩作用下,氟离子
浓缩富集于浅层地下水;人类过度开采地下水,破坏了含水层结构,从而改变了氟的迁移
途径,进而增加了低氟的氟元素。

9.1.6　小结

针对 XC 市区地下水氟含量,经过阅读大量文献、采样前期准备、野外实地调查及室
内测试分析等过程之后,得出以下结论:

(1)XC 市区地下水氟含量水平基本正常,浓度变化范围为 0.043 ~ 1.272 mg/L,平均
值为 0.782 mg/L,低于《生活饮用水卫生标准》(GB 5749—2022)中氟化物毒理指标为
1.0 mg/L,属于达标。说明近年来 XC 市政府在为保障居民饮用健康水质上做了大量地
下水除氟、降氟工作。

(2)地下水酸碱度测试发现,XC 市区地下水酸碱度正常,研究区域地下水 pH 值范围
为 7.10 ~ 7.18,平均值为 7.40。符合《生活饮用水卫生标准》(GB 5749—2022)中 pH 值
不大于 8.5 的要求。通过对酸碱度与氟含量水平的相关性分析,其相关系数为 -0.293 4,
得出 pH 值对氟含量水平影响不明显的结论。

(3)XC 市区部分采样点地下水的氟含量超标或低于正常水平,其中水氟超标的有半
截河乡辖区的马岗村、高桥营街道辖区的板桥村、七里店街道辖区的吴庄村、许昌经济技
术开发区的罗庄村和徐庄。水氟含量过低的有半截河乡辖区的申庄村、高桥营街道辖区
的老吴营村、新兴街道辖区的裴山庙。长期饮用氟含量不达标的地下水,会对居民的健康
造成一定的安全隐患。

以氟含量过低的地下水作为生活饮用水的地区,可以根据该地区地下水的实际氟含
量,添加适量的氟化物以补充水氟含量过低的不足。在高氟地区,希望有关部门将改水降
氟的工作落实完善,最大限度地发挥改水降氟工程的使用年限和效益,建造高质量的降氟
改水工程,建立可持续的改水降氟工程管理机制,高度重视今后饮水型氟中毒防治工作,
同时应加强病区群众思想教育,自觉维护并管理好改水降氟工程,从而高效率、高质量、高
水平地达到防治地氟病的目的。

9.2　建安区、鄢陵县、长葛市地下水氟含量特征

XC 市饮水型地方性氟中毒病区、村有很多,流行范围涉及魏都区、建安、鄢陵县、
长葛市 4 个县(市、区),尤其以建安区、鄢陵县、长葛市等 3 个县(市、区)最为严重。浅层
水是地下水埋深 0 ~ 50 m 的浅层,属于潜水-弱承压水,是广大农村及部分城市居民生活
水的主要来源。本节研究主要对建安区、鄢陵县、长葛市等 3 个县(市、区)地下水中氟含

量进行调查分析。

9.2.1　样品采集

本次研究选择氟含量较高的建安区、鄢陵县、长葛市作为研究区,在每个研究区中选取 2 个乡(镇),每个乡(镇)选取 2 个村庄,每个村庄选择 3 个采样点进行采样,共计 48 份样品。采样点分布分别见表 9-4、图 9-6。

表 9-4　采样点分布

编号	乡(镇)	村落	份数	编号	乡(镇)	村落	份数
1	将官池镇	辛集	3	9	柏梁镇	官寨	3
2	将官池镇	梅庄	3	10	柏梁镇	吕庄	3
3	灵井镇	灵南村	3	11	马栏镇	后纸村	3
4	灵井镇	史堂村	3	12	马栏镇	苏家村	3
5	尚集镇	宋庄	3	13	董村镇	董村	3
6	尚集镇	黄庄	3	14	董村镇	杜庄	3
7	陈曹乡	许西	3	15	南席镇	胡街村	3
8	陈曹乡	陈曹村	3	16	南席镇	北辛庄	3

图 9-6　采样点分布

采样于 2018 年 3 月进行,浅层水采样主要针对农户机井未处理水进行水样采集,采样时用聚乙烯塑料瓶作为采样容器,并在采样前用蒸馏水冲洗 3 次,采样时用采样水冲洗 3 次,分别记录采样时间、采样地点、采样顺序。

9.2.2　研究区地下水氟含量特征

水样氟含量见表 9-5。

表 9-5　水样氟含量

编号	乡(镇)	村落	氟含量/(mg/L)	编号	乡(镇)	村落	氟含量/(mg/L)
1	将官池镇	辛集	0.58	25	柏梁镇	官寨村	0.52
2	将官池镇	辛集	0.57	26	柏梁镇	官寨村	0.51
3	将官池镇	辛集	0.59	27	柏梁镇	官寨村	0.50
4	将官池镇	梅庄	0.64	28	柏梁镇	吕庄	0.92
5	将官池镇	梅庄	0.67	29	柏梁镇	吕庄	0.91
6	将官池镇	梅庄	0.65	30	柏梁镇	吕庄	0.87
7	灵井镇	灵南村	0.82	31	马栏镇	后纸村	0.71
8	灵井镇	灵南村	0.84	32	马栏镇	后纸村	0.74
9	灵井镇	灵南村	0.85	33	马栏镇	后纸村	0.74
10	灵井镇	史堂村	1.05	34	马栏镇	苏家村	1.04
11	灵井镇	史堂村	1.01	35	马栏镇	苏家村	1.01
12	灵井镇	史堂村	1.05	36	马栏镇	苏家村	1.05
13	尚集镇	宋庄	0.73	37	董村镇	董村	0.65
14	尚集镇	宋庄	0.72	38	董村镇	董村	0.64
15	尚集镇	宋庄	0.76	39	董村镇	董村	0.63
16	尚集镇	黄庄	0.95	40	董村镇	杜庄	0.88
17	尚集镇	黄庄	0.94	41	董村镇	杜庄	0.91
18	尚集镇	黄庄	0.93	42	董村镇	杜庄	0.90
19	陈曹乡	许西	0.62	43	南席镇	胡街村	1.08
20	陈曹乡	许西	0.63	44	南席镇	胡街村	1.10
21	陈曹乡	许西	0.64	45	南席镇	胡街村	1.08
22	陈曹乡	陈曹村	0.82	46	南席镇	北辛庄	1.22
23	陈曹乡	陈曹村	0.85	47	南席镇	北辛庄	1.20
24	陈曹乡	陈曹村	0.84	48	南席镇	北辛庄	1.23

各个采样点的水氟含量分别如图 9-7~图 9-9 所示。

国家饮用水安全标准将饮用水氟含量超标程度划分为轻度(1.10~2.00 mg/L)、中度(2.10~4.00 mg/L)和重度(≥4.10 mg/L)。测定的结果显示,XC 市浅层水中氟含量为 0.50~2.0 mg/L,平均值为 0.83 mg/L,属于轻度超标。其中建安区浅层水中氟含量为 0.57~1.05 mg/L,将官池镇浅层水中的氟含量最低,为 0.57~0.67 mg/L,平均值为 0.62 mg/L;灵井镇浅层水中氟含量最高,为 0.82~1.05 mg/L。鄢陵县浅层水中氟含量为 0.50~

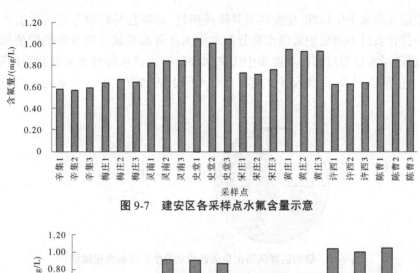

图 9-7　建安区各采样点水氟含量示意

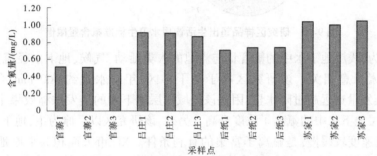

图 9-8　鄢陵县各采样点水氟含量示意

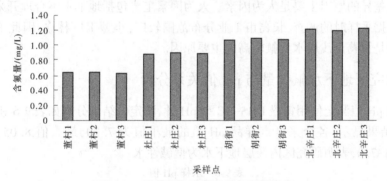

图 9-9　长葛市各采样点水氟含量示意

1.05 mg/L,平均值为 0.79 mg/L,其中马栏镇苏家村氟含量最高。长葛市浅层水中氟含量为 0.63~1.23 mg/L,平均值为 0.96 mg/L,禹州市浅层水含氟情况较为突出,其中南席镇浅层水氟含量普遍较高。

《生活饮用水卫生标准》(GB 5749—2022)中规定氟化物的限值为 1.00 mg/L,农村小型集中式供水与分散式供水部分水质氟化物的限值为 1.20 mg/L。样品中有 36 份未超过限值 1.00 mg/L,符合国家生活饮用水标准,占样品总数的 75%;样品中有 10 份氟含量在 1.00~1.20 mg/L,符合农村小型集中式供水和分散式供水水质氟含量的标准,占样品总数的 20.83%;样品中有 2 份已超过农村小型集中式供水和分散式供水水质氟含量的标准,占样品总数的 4.16%。数据显示(见图 9-10),XC 市大部分地区水氟含量没有超标,符合生活饮用水卫生标准,建安区灵井镇灵南村、鄢陵县马栏镇苏家村浅层水中氟含量较高,但符合农村小型集中式供水和分散式供水部分水质氟化物含量的限值标准。长葛市南席镇浅层水已超过农村小型集中式供水和分散式供水部分水质氟化物的限值,不能直接作为生活饮用水,需要改善才能符合对人们生活健康且不产生氟超标危害的生活饮用水。

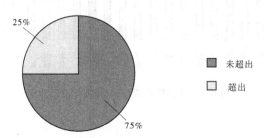

图 9-10　研究区样品超出生活饮用水卫生标准氟含量限值

　　一般认为,浅层地下水中的氟含量与当地的人类活动、气候、地下水径流速度和第四系岩性等因素息息相关。该研究区属于半干旱区,年降水量约 700 mm,年蒸发量约 1 200 mm,蒸发量远远超过降水量,因此该区域浅层地下水的蒸发浓缩效果十分显著,进而造成了浅层地下水中的氟离子浓度升高。另外,该研究区以平原为主,地下水的水力坡度较小,径流速度较缓慢,是氟离子富集的有利条件。XC 市大面积为平原地区,山地主要分布在西部的长葛市和襄城县,其他地区在气候条件和地质条件上差异不大,因此高氟浅层水分布差异的原因主要是人为因素。人为因素主要包括地下水不合理开采和人类活动污染。根据采样时的调查,长葛市工业分布范围较广,小型工厂林立,因此工业排放含氟化物可能是长葛市浅层水含氟较高的主要原因。

9.2.3　研究区地下水氟含量与 pH 值关系分析

　　水样的 pH 值测定使用雷磁 PHS-3C 型 pH 计,测定的结果分别如表 9-6 和图 9-11 所示。pH 值结果显示:各个采样点样品 pH 值的最小值为 7.20,最大值 8.05,平均值为 7.41,均大于 7.0,表明研究区内浅层地下水为偏碱性水。

表 9-6　水样 pH 值

编号	乡(镇)	村落	pH 值	编号	乡(镇)	村落	pH 值
1	将官池镇	辛集	7.67	8	灵井镇	灵南村	7.66
2	将官池镇	辛集	7.25	9	灵井镇	灵南村	7.60
3	将官池镇	辛集	7.29	10	灵井镇	史堂村	7.39
4	将官池镇	梅庄	7.29	11	灵井镇	史堂村	7.30
5	将官池镇	梅庄	7.38	12	灵井镇	史堂村	7.24
6	将官池镇	梅庄	7.86	13	尚集镇	宋庄	7.27
7	灵井镇	灵南村	7.65	14	尚集镇	宋庄	7.29

续表 9-6

编号	乡(镇)	村落	pH 值	编号	乡(镇)	村落	pH 值
15	尚集镇	宋庄	7.20	32	马栏镇	后纸村	7.25
16	尚集镇	黄庄	7.47	33	马栏镇	后纸村	7.27
17	尚集镇	黄庄	7.43	34	马栏镇	苏家村	7.49
18	尚集镇	黄庄	7.39	35	马栏镇	苏家村	7.20
19	陈曹乡	许西	7.30	36	马栏镇	苏家村	7.23
20	陈曹乡	许西	7.66	37	董村镇	董村	7.56
21	陈曹乡	许西	7.43	38	董村镇	董村	7.28
22	陈曹乡	陈曹村	7.44	39	董村镇	董村	7.50
23	陈曹乡	陈曹村	7.20	40	董村镇	杜庄	7.61
24	陈曹乡	陈曹村	7.27	41	董村镇	杜庄	7.44
25	尚集镇	黄庄	7.39	42	董村镇	杜庄	8.05
26	陈曹乡	许西	7.30	43	南席镇	胡街村	7.55
27	陈曹乡	许西	7.66	44	南席镇	胡街村	7.59
28	陈曹乡	许西	7.43	45	南席镇	胡街村	7.14
29	陈曹乡	陈曹村	7.44	46	南席镇	北辛庄	7.16
30	陈曹乡	陈曹村	7.20	47	南席镇	北辛庄	7.16
31	陈曹乡	陈曹村	7.27	48	南席镇	北辛庄	7.37

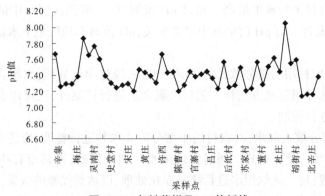

图 9-11　各村落样品 pH 值折线

　　观察水样氟含量与 pH 值之间的相关关系(见图 9-12),可以看出氟含量与 pH 值两者走向基本一致,通过对 pH 值和氟含量进行皮尔逊相关性分析,结果显示:浅层地下水氟含量与 pH 值在 0.01 水平(双侧)上显著相关,相关系数为 0.71,表现为中度相关。

　　相关性说明在调查区域内,浅层地下水中的氟含量受到 pH 值的影响,但从各个样品氟含量与 pH 值的折线图可以看出,这种相关性不强,表明 pH 值对本地区地下水氟含量

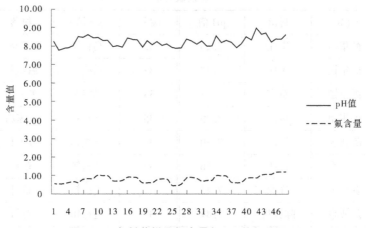

图 9-12　各村落样品氟含量与 pH 值折线图

没有决定性作用。本次水样采集在春季进行,春季为该地区的枯水期,结果显示浅层地下水 pH 值偏高,采样时间对试验结果会产生一定的影响。地下水的 pH 值对氟在地下水中存在形态具有一定的影响,氟元素以离子的形态存在。氟离子数量随 pH 值的升高而增加,同时 pH 值偏向碱性,更有利于含氟矿物在水中的溶解速率的增加,因此地下水氟含量与 pH 值存在着一定的相关性。

9.2.4　小结

通过对 XC 市浅层水中氟的调查分析,了解到 XC 市大部分地区的浅层水都符合《生活饮用水卫生标准》(GB 5749—2022),超标的地区主要有建安区灵井镇史堂村、鄢陵县马栏镇苏家村、长葛市南席镇胡街村和北辛庄,其氟含量超出限值 1.00 mg/L,尤其是长葛市的浅层水氟含量平均水平最高。通过 pH 值测试,了解到浅层水中的氟含量确实受到 pH 值的影响,氟含量与 pH 值呈现中度正相关,pH 值对本地区地下水氟含量的影响没有决定作用。

XC 市大部分农村用的是分散式的浅层井水,未经过净化处理,水氟含量一般比集体式供水要高。除选择用除氟方法和工艺对水氟含量进行控制外,还可以利用一些外在手段对水中氟含量进行控制。

(1)改变小型分散式取水,对农村的小型分散式水井进行整改,修建大型集中式的供水方式,方便进行统一控氟处理。通过实地采水时调查发现,长葛市有些乡(镇)已经建立统一的供水装置,对生活饮用水进行统一净化处理,以达到控氟的效果。

(2)改变取水层位,测试水氟含量,寻找低氟地下水源,以水氟含量小于 1.0 mg/L 为基本要求。例如,在统一供水的基础上采取打机井的方式获取健康水源。

(3)对地下水进行动态监测,建立浅层地下水动态监测网,预测预报地下水氟含量变化趋势,为高氟地下水的防治对策提供依据。例如,建安区疾病预防控制中心对生活饮用水进行氟含量实时监测,从而能够有效地对水氟含量进行控制。

(4)控制水中氟含量超标,同时加强有关氟知识的宣传力度,让人们认识到高氟对人体健康的危害,日常生活中提高自身的防范意识,保护生态环境,对工业氟污染的地区进行控制,从而做到有效控氟。

9.3　禹州市方山铝土矿区地下水氟含量特征

地方性氟中毒是由于自然环境中氟元素含量过多,生活在该地区的居民长期摄入氟含量过高的食物和饮用水,导致出现以氟骨症和氟斑牙为特征的一种全身性的慢性疾病,也称为地方性氟中毒。

地方性氟中毒是一种世界范围的地方性疾病,分布很广,国外主要分布于印度、马来西亚和日本等国家;国内主要集中在贵州、云南、陕西和河南等地。河南省地方性氟中毒主要集中在含氟岩石和含氟矿床分布地区,主要是与当地存在的萤石矿、磷灰石矿或冰晶石矿有密切关系。

方山镇位于禹州市西部山区,距市区 30 km,面积 74 km²,人口 5.12 万(2018 年),地处伏牛山余脉,其中山区面积 59 km²,共有大小山头 106 座,最高海拔 660 m,丘陵面积14.84 km²。方山镇煤炭资源丰富,是禹州市重点产煤乡(镇)之一。方山矿产资源蕴藏丰富,已探明储量可观,其中以铝矾土、煤炭、石灰石为主,另有陶土、石英石、白垩、铁矿等矿藏。经过几十年的发展,全镇机械加工企业总数已达近百家,以林药果综合开发为主的特色农业经济前景良好。方山铝土矿区位于禹州市西部 30 km 处,面积 7.207 1 km²,地势北高南低,属于暖温带大陆性季风气候。地理坐标为 113°20′E ~ 113°21′E、34°25′N ~34°26′N,海拔 400 ~ 430 m。

禹州市的方山矿区矿产资源蕴藏种类丰富,以煤炭、铝矾土、石灰石为主,同时还有石英石、铁矿、陶土、白垩等矿藏。矿区具有巨大的开发价值,一方面促进了当地经济的迅速发展。另一方面矿区的过度开发导致当地生活环境污染严重,且土地开采导致地表结构发生变化,造成大面积的坍塌;矿渣、废石、废水、废气等废弃物对矿区周边的土壤、水源、大气造成了严重的污染;同时,也破坏了植被,对生态环境造成损害,使人们的生活幸福感降低,引起人们的强烈不满。为了控制和防止氟含量超标,危害人们身体健康和阻碍畜牧业的发展,有必要对矿区地下水氟含量进行测定。

9.3.1　研究区地下水氟含量特征

根据方山镇地形地势、水文情况、村庄分布、矿区位置共确定 10 个采样区域,每个采样区域设 5 种样品,按功能区类别分为农业用水、畜牧用水、工矿用水、生活用水、行政用水。采样容器为无色聚乙烯塑料瓶 100 mL,采取地下水,采取原样后分类贴标签,编号后密封装好。

采样过程:采样前先到实验室用自来水浸泡 1 d,再用蒸馏水刷洗采样瓶 3 ~ 5 次,清洗完毕后放置在滤纸上自然风干。采样时,用采样地下水刷洗 3 ~ 5 次,采集地下水样品共 50 份。原样分类贴标签编号 1 ~ 50 后,密封装好,带回实验室待测,采样点分布见图 9-13。

为了简单直观地表示方山矿区地下水氟含量空间分布,将数据划分为不同的样品区

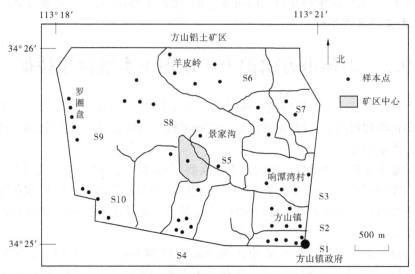

图 9-13 采样点分布示意

域,共 10 个地下水采样区域,每个区域根据功能区的不同划分为 5 种用水类型。运用数据统计方法,整理和计算有关统计指标和参数。地下水氟含量统计特征见表 9-7。地下水氟含量统计数据包括样品区域的最大值、最小值、平均值、标准差、变异系数。由表 9-7 可知,方山地下水样品氟含量平均值为 0.18 mg/L,地下水氟含量浓度范围介于 0.11 ~ 0.34 mg/L,最高值为 0.34 mg/L,最低值为 0.11 mg/L,变异系数为 0.24。根据我国《生活饮用水卫生标准》(GB 5749—2022),方山矿区地下水氟含量均小于 1 mg/L,符合饮用水氟含量标准。

表 9-7　地下水氟含量统计特征

单位:mg/L

样品区域	农业用水	畜牧用水	工矿用水	生活用水	行政用水
S1	0.15	0.15	0.11	0.28	0.13
S2	0.13	0.14	0.13	0.26	0.25
S3	0.14	0.14	0.14	0.13	0.14
S4	0.19	0.19	0.19	0.20	0.19
S5	0.13	0.14	0.34	0.13	0.13
S6	0.19	0.22	0.20	0.21	0.21
S7	0.20	0.20	0.23	0.18	0.19
S8	0.20	0.20	0.19	0.21	0.20
S9	0.20	0.19	0.20	0.21	0.21
S10	0.17	0.17	0.16	0.18	0.18
平均值	0.18	最小值			0.11
最大值	0.34	变异系数			0.24

9.3.2　不同功能区地下水氟含量特征

根据表9-8,农业用水和畜牧用水氟含量平均值为 0.17 mg/L,区域样品的氟含量没有太大的波动,主要原因是远离村庄和矿区,地下水氟含量比较稳定。工矿用水氟含量出现最高值 0.34 mg/L,最低值 0.11 mg/L,区域样品的氟含量有较大波动,与当地的植被、河流、土壤、地形地势有关。矿区中心土壤为铝矾土,呈碱性干燥环境,有大量裸露岩石,没有植被覆盖,导致氟离子聚集,样品氟含量较高。矿区周围至其他区域之间有树木和蔬菜种植。生活用水包括居民洗衣、做饭、洗浴等用水及其排放到周围的污水,都会不同程度地影响当地地下水氟含量。行政用水包括政府、医院、部队等用水,对地下水氟含量有一定的要求,因此氟含量低于生活用水。

表 9-8　不同功能区地下水氟含量

用水类型	最大值/(mg/L)	最小值/(mg/L)	平均值/(mg/L)	变异系数
农业用水	0.20	0.13	0.17	0.16
畜牧用水	0.22	0.14	0.17	0.16
工矿用水	0.34	0.11	0.19	0.32
生活用水	0.28	0.13	0.20	0.23
行政用水	0.25	0.13	0.18	0.21

9.3.3　方山矿区地下水 pH 值与氟含量的关系

禹州方山矿区地下水的 pH 值为 7.0~8.1,最大值为 8.1,最小值为 7.0,平均值为7.8,参照《地下水质量标准》(GB/T 14848—2017),符合Ⅱ类地下水质量标准。方山矿区地下水 pH 值见表9-9。

表 9-9　方山矿区地下水 pH 值

样品	pH 值	样品	pH 值	样品	pH 值	样品	pH 值	样品	pH 值
1	7.4	11	7.8	21	7.9	31	7.7	41	7.9
2	7.2	12	7.7	22	8.0	32	7.9	42	7.5
3	7.7	13	7.7	23	7.9	33	7.9	43	8.0
4	7.7	14	7.9	24	7.8	34	7.8	44	8.0
5	7.9	15	7.9	25	8.0	35	7.8	45	7.8
6	7.6	16	7.5	26	7.9	36	7.9	46	7.0
7	7.9	17	7.8	27	7.9	37	7.9	47	8.0
8	7.0	18	7.9	28	7.8	38	7.9	48	7.8
9	7.7	19	7.8	29	8.0	39	7.9	49	8.1
10	7.3	20	7.9	30	7.8	40	7.8	50	8.0

续表 9-9

样品	pH 值	样品	pH 值	样品	pH 值	样品	pH 值	样品	pH 值
最大值					8.1				
最小值					7.0				
平均值					7.8				

通过对地下水 pH 值和地下水氟含量进行皮尔逊相关性分析,皮尔逊相关系数为 0.26,0<r<1,且|r|<0.3,两者相关性比较弱且为正相关,地下水 pH 值并不能直接影响氟含量。pH 值较大的样品中,氟含量较高,表明碱性环境氟离子容易富集,同时地下水中的化学成分、水的矿化度以及补给来源都可能影响样品中氟含量。地下水 pH 值和地下水氟含量相关关系折线见图 9-14。

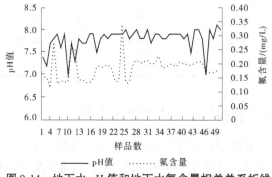

图 9-14　地下水 pH 值和地下水氟含量相关关系折线

9.3.4　小结

通过对禹州市方山铝土矿区地下水氟含量的研究,了解当地气候、河流、地形、植被等地理特征。实地考察地下水使用类型以及居民对矿区环境的感受,使用氟离子选择电极法对样品进行测定。测试地下水氟含量和 pH 值,用 SPSS25.0 对试验数据进行分析,得出以下结论:

(1)禹州市方山铝土矿区地下水氟含量为 0.1~0.3 mg/L,平均值为 0.18 mg/L,根据《生活饮用水卫生标准》(GB 5749—2022),符合健康饮水标准。地下水中氟含量较低,长期饮用会增加龋齿和骨质疏松的概率,不利于居民身体健康。在功能区分布上,农业用水和畜牧用水氟含量平均值为 0.17 mg/L,矿区中心为最高值 0.34 mg/L,方山镇政府和医院附近为最低值 0.11 mg/L,均符合健康饮水标准。

(2)禹州市方山铝土矿区地下水 pH 值为 7.0~8.1,参照《地下水质量标准》(GB/T 14848—2017),符合Ⅱ类地下水质量标准,适用于各种用途。地下水 pH 值和地下水氟含量的相关关系表明:地下水中碱性环境容易引起氟离子的聚集,不是必要条件,没有明显规律性。个别样品 pH 值和氟含量虽有显著的相关性,但不是普遍的。因此,方山矿区地下水的 pH 值仅作为影响氟离子聚集的一种因素。

　　本书对禹州市方山铝土矿地下水氟含量特征的研究,基于氟离子选择电极法对样品进行测定。测试地下水氟含量和 pH 值,参照《生活饮用水卫生标准》(GB 5749—2022)对结果进行评价。在氟含量的研究方法、测定技术、评价标准方面,研究和分析不够全面,深度和广度还存在局限,需要进一步细化研究。

第 10 章　不同地理环境背景下氟中毒的致病途径及预防措施

从前文得知,大理 EY 地区经过改水降氟措施后,该地的地氟病依然存在。XC 市通过改水降氟以后,该地地氟病流行情况依然不容乐观,通过对改水降氟工程的监测,可以看出,全市的改水降氟工程仍然存在着不可忽视的问题。例如,由于管理体系的不健全,造成工程的失修、损坏和报废现象比较严重。

大理 EY 地区分布着大量的温泉,当地人民的生活与温泉密切相关,因而该地区被认为是温泉水污染食物型地氟病区域。高氟温泉水是一个重要的氟源区,温泉水的形成过程是由地壳运动造成的岩层断裂带,由于深层地温的影响,地下水会随着断层而上涌,溶解花岗岩、沉积岩中大量的氟,然后挟带到浅层含水砂层流出地表。它的形成过程与地质活动和火山活动有着密切关系。温泉水流经的地区和温泉区所在的环境氟含量较高,形成了氟病区。然而,当地人对温泉水资源的利用仍处于比较低级阶段,通常是直接利用,使用后的污水、废水没有经过任何处理就直接排入周边的田地和河流。这些行为对周围的环境、农副产品和人体的健康都产生了严重的影响,以致于当地的居民存在患有地氟病的现象。一般来说,氟进入人体的主要方式以消化道为主,在调查过程中发现,有许多当地群众为了节省燃料,或者贪图方便,直接使用温泉水洗菜、煮饭,还有一些人直接饮用温泉水,这就造成了当地氟中毒的患病率较高的现象。另外,引起地氟病的原因除和摄入量有关外,还和该地区的自然条件状况、经济发展、生产和生活习惯有着较大的关联。目前,大量数据表明,不合理饮用温泉水与地氟病密切相关。

XC 地区地下水埋深大于 30 m,属于中深层地下水埋深。本地区饮用水水源类型分为地下水和地表水,其中地下水占调查水源的 99.4%,地表水主要为河流水、水库以及泉水等。饮用水主要水源类型包括浅层地下水,中、高氟地下水及其以上级别高氟地下水,呈不连续的斑块状、片状分布于较高氟地下水区内,中层高氟地下水只存在较高氟地下水(氟含量为 1~2 mg/L)和中、高氟地下水(氟含量为 2~3 mg/L),本次调查未发现过高氟地下水(氟含量为 3~4 mg/L)和极高氟地下水(氟含量大于 4 mg/L)。XC 市西部地区为低山丘陵,东部为淮海平原的西缘,整个地势西北高、东南低,自西北向东南缓慢倾斜,最低海拔为 50 m,由于地势低洼处多是地表水以及地下水的汇聚区,氟离子也随之迁移聚集,从而造成该处地下水中的氟离子浓度升高。因此,内部具有斑块状高氟的地下水往往集中在地势低洼的地区。

通过近 30 年的改水工程建设,该地区的饮用水质量有了很大的提高,地氟病也得到了一定程度的控制,但整体形势依然不容乐观。随着历史病区中已经改水的工程不能正常运行和报废的现象出现,尤其是在 2014 年,氟中毒病区情况普查和水氟含量监测之后,发现有新病区的出现,同时也出现了各种各样的问题,这不仅警醒有关部门要保障已建成的改水降氟工程正常运行,有效地降低饮用水的氟含量,而且要对没有改水的自然村落尽快地落实改水降氟工程,让病区的群众能够早日喝上安全的饮用水。因此,有关部门应该进一步加强病区以改水降氟为主的综合防治措施,并加强对已改水工程的后期管理,让病区的病情尽快得到有效的控制。

10.1　研究地区地下水氟可能致病途径

10.1.1　大理 EY 地区高氟温泉地下水氟可能致病途径

根据湖南、山东、福建、西藏、甘肃、江西、广东、四川等地的资料统计,温泉型氟中毒氟斑牙的检出率与温泉的氟含量呈显著正相关,其相关系数 $r = 0.786\,7$,$P<0.01$;氟骨症的检出率与温泉的氟含量呈近似正相关。这说明温泉的氟含量越高,居民氟中毒的程度就越严重。高氟温泉不仅可以引起氟斑牙,还可造成氟骨症。EY 地区温泉水氟致病途径主要有以下几个方面。

10.1.1.1　直接饮用高氟温泉水

由于本地区温泉水遍布,而当地居民由于缺乏对地氟病相关知识的了解,不懂得自我防范,居民为了便捷,大多就地取温泉水饮用,从而造成当地居民氟元素摄入量增加,居民氟中毒的影响日益恶劣。

10.1.1.2　地下水源氟含量高

当然,除直接饮用温泉水的地区外,还有一些地区的居民并没有直接饮用高氟温泉水,他们也没有与高氟温泉直接接触。但是,由于高氟温泉的渗漏作用或者与地下水相互贯通,造成当地地下水氟含量偏高。如果居民饮用当地地下水,也会造成氟中毒。

10.1.1.3　温泉水通过环境背景和食物链进入人体

通过调查发现,有些地区进行了改水降氟工程,但是在饮用水水质氟含量达标的情况下,当地氟中毒现象仍然频频发生,主要原因是高氟背景值导致的蔬菜、植物的氟含量超标,经食物链进入人体。调查结果表明,温泉水灌溉是造成农作物污染的主要原因。在我国,认为氟含量高对粮食产量的影响很小。国外的研究也表明,高氟土对作物的质量没有显著的影响。通过研究现有的各种调查结果发现,这种结论是不可取的。例如:在河北省北雄市温泉田附近的作物和蔬菜中,发现氟含量都比没有受污染的对照区高,高氟温泉水渗入农田,导致了土壤中的氟含量增加。另外,广东省丰顺县的试验结果也显示,高氟地区的农作物和蔬菜中的氟含量比低氟地区的要多。含氟温泉水使用后,直接排放到环境中,会对温泉区周围大约 250 m 范围内的河流和土壤造成一定程度的污染。结果表明,在温泉区周边,所有作物与对照点相比都有较高的氟含量,农作物都能从根系吸收土壤、水体中的氟化物。已有的研究表明,一些植物可以利用大气、水体和土壤中的无机氟,以生化途径合成有机氟。

10.1.1.4　生活中温泉水的不合理使用

在日常生活中,用温泉洗菜、淘米、煮饭、洗澡等都会使人体的氟暴露剂量增大。以温泉区周边居民为研究对象,由于他们缺乏对地氟病相关知识的了解,为省事或省钱而使用温泉洗菜、淘米等行为十分常见。另外,因为温泉的温度比较高,所以在平时,人们会经常用温泉水烹饪食物,这样就会导致温泉中的氟化物在人体内积累。在一般人看来,泡温泉对身体大有益处,而 EY 地区的温泉浴更是家喻户晓,温泉里的地热温泉更是全国闻名。当然,因为温泉中含有丰富的矿物质和微量元素,所以泡温泉可以起到治疗多种疾病的效果,对身体有很大的好处。但是,很多人都忽略了温泉中的氟含量过高,而且氟会透过人体皮肤进入体内,在体内积累,对身体产生不良影响。一些居民,还经常会带着温泉水回家,有些地区的城镇有更大的公共温泉,当地居民会经常去洗澡,有时候还会用来刷牙、洗碗,这样在日常生活中频繁地接触高氟源也是导致氟暴露剂量增加的另一个因素。

前文已经介绍,XC 地区温泉水不仅分布广泛,而且温度高,由于 XC 地区基本家家户户养奶牛,所以这里的农户基本上都是用温泉水直接处理家畜饲料,造成家畜体内氟含量偏高,人体摄入这类家畜及副产品时使氟富集于体内,也容易导致氟中毒。

氟通过各种途径进入人体,危害健康,看问题要抓关键,导致 XC 地区氟中毒的根源还是 XC 地区高氟温泉水,要想解决本地区的氟中毒问题必须也只能从温泉水入手。

10.1.2　XC 市地下水氟可能致病途径

10.1.2.1　土壤氟含量高

根据在 XC 市的调查,氟病区分布与高氟地下水分布具有较高的一致性。地壳岩石和土壤中的氟含量平均约为 425 mg/kg,而据《中国土壤元素背景值》资料显示,我国土壤淋溶层(距地表 1 m 范围内)总氟含量的算术平均值为 478 mg/kg,研究区所在的河南省土壤淋溶层总氟量平均值为 406 mg/kg。根据已有研究,XC 市区土壤总氟含量偏高,分别高出全国和河南省平均值的 26.2% 和 48.5%,达到 603.1 mg/kg。因此,在当前研究区土壤淋溶层氟含量及机体内的氟含量分布水平下,区内人群由于处在自然界的高氟环境下,体内富集的氟含量易超出人体的承受限值,进而易产生氟中毒。

10.1.2.2　地下水源氟含量高

人体吸收氟可通过大气、饮用水及食物 3 种途径,XC 地区人群的氟中毒主要通过饮用水摄取氟,这是由于大气中的氟含量约为 0.005 5 mg/m³,人体通过呼吸道富集的氟极其有限;食物中的氟含量虽能达到几十乃至上百 mg/kg 水平,但对人体危害最大的仍是高氟饮用水。

在全省地方性氟中毒病区中,有 690.48 万人为饮用水型氟中毒,占发病总人数的94.84%,因此人体不仅处于自然界的高氟环境下,自身也属于高氟环境,且研究区氟中毒类型以饮用水型为主,这也决定饮用水中氟的研究是 XC 市氟中毒的主要类型。

10.2　影响地方性氟中毒的因素

研究中发现,在饮用水中氟含量相等的不同地区或同一高氟地下水区内,存在发病率的差异问题,即有人易患地氟病,其他人则受到地氟病危害较轻,两者之间的患病程度存在明显的差异。如某村村民共同使用一口井作为饮用水源,在其大气环境相差无几的情况下,往往有人患上氟斑牙或氟骨症等症状,同时村中的其他人则未出现或仅有轻微的上述症状,即使是同一户家庭成员,也会出现患病程度差异的现象。造成上述结果的因素主要是受到营养状况、性别、外来居民及年龄等因素的影响。

10.2.1　营养状况的影响

营养状况的差异对人体的氟吸收率具有一定的影响。一般营养不良,如缺少钙、蛋白质、维生素 C、维生素 D 等营养物质,或者脂肪过多时,机体对氟的吸收率相对较高,妇女处在孕期和哺乳期时,对氟的吸收率比非孕期和非哺乳期时要高;而在营养条件较好的条件下,人体对氟的吸收率相应要降低,这可能与营养物质中的某些有机成分与氟产生的某些反应过程有关。如牛奶中的蛋白质对氟有凝固作用,能够阻碍氟在人体胃中的扩散,起到延缓人体对其的吸收作用;钙除使肠道减少氟的吸收外,还抑制过高的骨转换,而氟中毒中,骨骼病变的重要特征恰恰就是骨转换增高;维生素 D 的缺乏导致氟骨症加重,使病变向骨软化、骨质疏松的方向发展;维生素 C 能通过改善胶原代谢来降低机体对氟的吸收,因此当等量的氟进入不同体质的人体时,营养相对缺乏者对氟的吸收率要比营养状况更好的人群高,结果就是前者的体内积累的氟含量相对后者更高,对人体健康造成的威胁更大,可见膳食营养对地氟病的发生和发展具有不容忽视的影响,这也是不同国家和组织规定的饮用水氟含量标准存在差异的因素之一,这种差异的产生既受到各个地区不同的饮食结构的影响,也受到不同地区经济生活水平等因素的影响。

在研究区范围内,地氟病对广大农村人口的危害要大大高于高氟地下水区域内的乡镇人口,除后者具有更好的医疗条件外,更重要的是后者的营养状况普遍高于前者,两者的饮用水中氟含量即使处于同一水平,乡镇人口中的地氟病发病率要低于农村人口,因此对农村人口的地氟病研究是此次氟病区地质环境影响调查与防治项目工作的重点。

10.2.2　性别因素

氟中毒的患病率和残疾率在不同性别人群中的比例虽无明显区别,但女性因氟中毒而引起的骨质疏松和骨软化比较多见,老年性的骨质疏松和骨软化除外。男性的氟中毒症状常见为骨硬化症,这可能与研究区患骨硬化症的男性从事大量的体力劳动密切相关。

10.2.3　外来居民的影响

外来居民是指原生活在低氟地下水区,由于种种因素而进入高氟地下水区的居民。在他们进入高氟地下水区后,由于外界环境的突然变化,机体对氟的敏感性要比当地人群高,造成该部分人群的患病率要高于当地出生者,但患病程度相对当地人群而言则要轻得多,这可能是由于外来居民中骨骼已发育成熟,氟对人体的危害要小于处于骨骼生长发育期的青少年。

10.2.4　年龄因素

机体中氟含量变化的总趋势是随年龄的增长而逐渐积累的,这在骨骼等硬组织中表现得最为明显。一般而言,20~30 岁的人群骨骼氟含量为 200~800 mg/kg,到 50~80 岁时,骨骼氟含量则可高达 1 000~2 000 mg/kg,同时人体各器官总的氟含量也存在随年龄的增加而在人体中呈现不断累积的趋势。

由此可以看出,地氟病具有一定程度的不可逆转性,这是因为青少年的生理活性要高于成年人,前者的骨骼吸氟能力比后者高,从而形成地氟病人群。当地氟病患者脱离高氟环境后,其骨骼中储存的大量敏化物可因血氟含量降低进入血液,由尿液排泄,这样有利于发生病变的骨组织的恢复,但这一过程是持续而缓慢的,有的患者在离开高氟环境几十年尿液中氟含量仍然较高,从这点可以看出,骨氟的释放过程是极其缓慢和有限的,进行医学治疗的效果并不理想,尤其考虑到广大地氟病区属于农村地区,营养状况比城镇水平低,医疗条件较为落后等各种因素,在地氟病的防治对策研究中往往预防更能降低高氟对居民的危害。此次工作主要是通过各种物理化学或生物等措施降低农村饮用水中的氟含量水平,从而达到预防当地居民患地氟病的目的。

综上所述,人体是否会氟中毒不仅与摄入的氟含量有关,还与摄入氟的形态、个体营养状况以及年龄、性别等因素有关。目前研究已证实,过量的单质氟对人体毒害作用较大,而过量的氟的配合物对人体的毒害作用尚不明确,部分氟的配合物可能无毒,有待进一步研究。地氟病具有一定程度的不可逆转性,过量氟对人体牙齿骨骼等造成的病变的治疗效果不是很理想,因此地氟病的预防措施尤为重要,对研究区高氟地下水区居民而言,降低饮用水中氟含量最为关键。

10.3　现有措施及效果

国家对地方性氟中毒的防治一直非常重视,1983年,由卫生部、水利电力部、地质矿产部、财政部联合发文,发布了《改水防治地方性氟中毒暂行办法》的通知。要求各省、自治区、直辖市卫生、水利、地质、财政厅(局)和计委、地方病防治领导小组办公室按照改水方法执行。经过40年的防治,特别是近些年,国家在中央补助地方公共卫生专项资金(简称中央转移支付项目)中安排了地方病防治项目。其中大部分经费用于改炉改灶,每年拨款上亿元,共完成了300余万户改炉改灶任务;国家还批准了《全国农村饮用水安全工程"十一五"规划》,经费高达600多亿元,拟全部解决水氟≥2 mg/L地区的饮用水问题。在2006年,全国饮水型地氟病病区已实现改水62 395个村,占病区的58%;2010年,水利部宣布提前一年完成《全国农村饮用水安全工程"十一五"规划》,全部解决了水氟≥2 mg/L地区的饮水问题。到2009年,全国燃煤污染型地氟病病区实现改炉改灶525万户,占病区的67%。

EY县的地方性氟中毒防治工作,多年来在云南省政府地方病防治领导小组以及地方病防治办公室的领导下,取得了很大的成绩。绝大多数地区进行换水,改为低氟水源,开始使用清洁安全的自来水(包括简易自来水),改水后的自来水氟含量平均值为0.19 μg/mL,很大程度上控制和降低了当地地方性氟中毒流行。该地区90%以上人口为农民,农村群众的防病意识淡漠、观念落后,对地氟病的有关知识了解甚微。当地温泉水遍布,大部分温度较高,居民在日常生活中使用其十分方便,已形成一种惯性,仅靠改水很难改变目前仍然存在地氟病的状况,而且这种改水以后也会使当地居民失去一种宝贵的资源。既想彻底解决当地的地氟病问题又造福于当地群众,必须要有新思路。

　　XC 是典型的饮水型地方性氟中毒病区,为预防地氟病,保障人民群众的身体健康,国家、地方先后投入大量资金实施改水降氟工程,地氟病的防治成效显著,但防治形势依然严峻。通过对 XC 市"降氟改水"工程的调研,发现该工程的运行状态不佳,工程报废现象严重。333 个降氟改水工程中,只有 122 个工程正常运行,占全部工程总数的 36.64%,其中 63.36% 为废弃工程。随着工程使用年限的延长,报废率也在不断提高,目前 XC 市在用工程大多是 1990 年以后建成的,20 世纪 80 年代建成的改水工程基本都已废弃。主要原因是:

　　(1)管理混乱,在建工程的管理体系不完善,管理人员素质较低,责任心不强,出现问题往往相互推脱责任,不能对工程进行及时的维护和处理,导致工程损坏和废弃,甚至造成部分报废工程无法再使用。

　　(2)改水工程的资金投入不够,导致投入少、产出少,井深和井壁质量等必要的条件不能到位,难以保证工程的质量。

　　(3)工程本身的自然老化,由于工程使用年限的增加,会出现部分工程的自然老化。

　　在改水降氟工程中发现水质中的氟超标问题比较突出。申宝霞等经初步调查发现,正在使用的工程中有 31.15% 的工程氟含量超标。井壁材质是确保工程质量及水氟稳定的一个关键因素,钢管井壁材质坚硬、密封性好,可有效阻止高氟层地下水的渗入,而且工程中的水氟含量相对稳定。但是,砖管和水泥管井壁材料容易错位、坍塌,不能完全封闭,不同水氟层地下水互相渗透,工程水氟稳定性较差。此外,井水氟含量随深度的增加而降低。XC 市改水降氟打井工程主要采用水泥、砖管井壁材料,有些水井深度不够,加上工程使用年限久,使水中氟含量升高,以及 XC 市缺乏相应的水文数据,导致在改水降氟工程打井时,寻找低氟水存在很大的盲目性,这是改水降氟工程水氟超标的主要原因。

　　XC 市地氟病防治以降氟改水为主,这关系着人民群众的健康问题,因此如何充分利用地氟病防治工程的寿命与效益,建设优质的地氟病治理工程,构建长效的地氟病治理体系,是未来地氟病防控工作必须要关注的问题。在此基础上,应加大对地氟病危害的宣传力度,探索降低氟化物含量的有效方法,确保广大群众能够喝上低氟饮用水,实现对地氟病的有效防治。

　　云南水资源丰富,以往对 EY 地方性氟中毒采取的措施主要是寻找低氟水源,也就是统一用自来水或用氟含量低的地下冷水,即改水,当地温泉水中可能含有极为丰富的矿物成分,如果利用得当,则是一种难得的饮用矿泉水天然资源,同时 EY 地区的温泉水普遍温度很高,高的可达 90 ℃ 以上。由于 EY 的平均海拔在 1 800 m 左右,当地居民用水的沸点大约为 92 ℃,也就是说,EY 地区很多温泉水已经是煮沸的天然矿泉水,从而使 EY 地区的温泉水更加难能可贵,利用价值很高,所以在预防当地氟中毒问题上,不能单单考虑改水,更应该充分利用氟含量低的水源。在此情形下,探索新的、切实可行的途径,既可解决当地地氟病问题,又可充分利用当地温泉水刻不容缓。本书针对 EY 地区温泉水进行了除氟、降氟的研究。

10.3.1　目前饮用水除氟的方法

10.3.1.1　沉淀法

沉淀法是一种应用广泛且适合于处理高浓度含氟废水的除氟技术。传统的除氟方法是添加石灰、电石渣等沉淀剂,使氟离子形成难溶性氟化物沉淀或氟化物在生成的沉淀物上共沉淀,通过沉淀的固液分离达到除氟的目的。该方法流程简单、处理成本低,但是,因为 Ca^{2+} 与 F^- 生成 CaF_2 的反应速率缓慢,同时废水中的 SO_4^{2-} 等阴离子会吸附到新形成的 CaF_2 微细晶粒的表面,减缓 CaF_2 晶粒的进一步生长,致使 CaF_2 沉淀,这些沉淀物质不易从水里析出,因此处理后的出水中的氟通常为 $20\sim50$ $\mu g/mL$,比国家一级排放标准(10 $\mu g/mL$)高,而且泥渣沉降缓慢,处理大流量排放物的时间长,不适宜持续排放。在各种处理方法的综合实施过程中,近年来发现在石灰和石灰与可溶性钙盐、镁盐、铝盐、磷酸盐联合应用后,除氟效果更为明显,通过综合处理后,水中的残氟浓度更低。有学者研究发现,采用氯化钙与磷酸盐除氟方法,出水中氟质量浓度为 5 $\mu g/mL$ 左右,主要是由于在该方法中会出现多种元素组成的更难溶的含氟化合物,例如:当钙盐和磷酸盐合用时,会产生 $Ca_2(PO)_4F$ 沉淀。在采用化学沉淀法的基础上,与混凝沉淀相结合,可提高除氟效率。

10.3.1.2　吸附法

吸附法主要是利用含有氟吸附剂的设备对含氟废水进行处理,氟与吸附剂上的其他基因或离子交换而留在吸附剂上被除去,吸附剂则通过再生使交换能力得以恢复。吸附法主要用于处理氟含量较低的废水,或者深度处理后氟化物已降至 $15\sim30$ $\mu g/mL$ 的废水和深度处理能达到饮用标准的水。目前应用较多的吸附剂有骨炭、粉煤灰、天然沸石、聚合铝盐、氢氧化铝、活性氧化镁、活化铝等。

用上述吸附法可以把含氟天然水从 10 $\mu g/mL$ 以下处理至 1.0 $\mu g/mL$ 以下,达到可以饮用水标准。活性三氧化二铝因有毒性小、吸氟效果较好的优点,常被用来作为含氟饮用水处理剂。活性氧化铝除氟过程的吸附机制为:

$$Al(OH)_3 + 6NaF \Longrightarrow Na_3AlF_6 + 3NaOH$$

10.3.1.3　离子交换法

离子交换法是利用一个装有交换剂的装置来处理含氟废水,交换剂上的离子或原子团与氟离子反应交换,使水中的氟离子得以去除。离子交换法常用的交换剂是阴离子交换树脂,它能将水中的氟降低到 1.0 $\mu g/mL$ 以下,但由于地下水中通常也含有其他阴离子,因此除氟效果会受到一定的影响。阴离子交换树脂对地下水中主要阴离子的吸附交换能力为:

$$SO_4^{2-} > NO_3^- > CrO_4^- > Br^- > SCN^- > Cl^- > F^-$$

综上所述,在处理地下水的过程中,阴离子交换树脂对氟的选择吸附交换能力水平较低,一般来说,1 kg 阴离子交换树脂的交换容量约为 1 g 氟。

10.3.1.4　反渗透法

反渗透法是通过借助比渗透压更高的压力来改变自然渗透方向,从而把浓缩液中的溶剂压向半透膜稀溶液一边的处理方法。反渗透技术是 20 世纪 60 年代以后迅速发展起来的新技术,目前已被用于海水淡化、超纯水制备等项目中。Hindin 等设计的小型反渗透槽,只对含氟离子的水除氟,使氟化物质量浓度由 58.5 μg/mL 降到 1.0 μg/mL。决定反渗透法除氟效率的是 pH 值,pH 值从 5.0 上升到 7.0,除氟率则从 4.5% 增加到 90%。目前该方法还没有应用于大规模的除氟过程。

10.3.1.5　电凝聚法

电凝聚法是利用电解铝过程中生成的羟基铝配合物和 $[Al(OH)_3]_m$ 凝胶的络合凝聚作用,进行除氟处理的一种方法。经过一系列试验,孙立成等认为:电凝聚法设备简单、操作方便,处理过程中无须添加任何化学药剂,生成的沉淀物含水率低,具有显著的优点。目前可采用电凝聚法处理多种废水。

10.3.2　针对 EY 地区温泉水除氟研究

在此次对温泉水除氟研究过程中,前后进行了两种除氟试验。

10.3.2.1　磷酸钙盐对温泉水除氟

该方法采用的是一种以磷酸钙盐为除氟剂,通过离子交换除氟,除氟剂是颗粒状多孔吸附剂,有较大的比表面积,起作用的成分是羟基磷酸钙 $[Ca_{10}(PO)_6(OH)_2]$。羟基磷酸钙与氟磷酸钙 $[Ca_{10}(PO_4)_6F_2]$ 为类质同晶体,氢氧根离子与氟离子半径相近,在晶格中可以互换,对氟有极大的选择性,与其他成分不发生反应。反应式为

$$Ca_{10} \cdot (PO_4)_6(OH)_2 + 2F^- \rightleftharpoons Ca_{10}(PO_4)_6F_2 + 2OH^-$$

该反应式为可逆反应,通过吸氟与再生的循环过程可以不断降低水中的氟浓度,既不损失有益矿物成分,也不产生二次污染。本次的试验地点是大理市疾病预防控制中心,所使用的离子计为 PXS-215 型离子计,试验结果见表 10-1。

表 10-1　磷酸钙盐除氟效果

采样地点	除氟水样温度/(℃)	除氟剂添加量/(g/L)	正常水样氟含量/(μg/mL)	除氟后氟含量/(μg/mL)	除氟率/%
EY 县牛街乡牛街村炼渡公用温泉	24	1.666 7	5.280 0	4.550 0	13.8
EY 县牛街乡牛街村炼渡公用温泉	79	1.666 7	5.280 0	3.300 0	37.5
EY 县牛街乡牛街村炼渡公用温泉	92	1.666 7	5.280 0	2.620 0	50.4

除氟试验所采取的温度分别是放置室内的温度、取样时水样温度和当地沸水温度,由表 10-1 可以看出,当不断调节温泉水温时,除氟剂的效果有所不同。当把水样温度调节到当地氟点 92 ℃,加入除氟剂 1.666 7 g,除氟效果可达到 50.4%,但是除氟后的温泉水的氟含量仍高达 2.620 0 μg/mL,超过我国饮水氟含量标准(<1.0 μg/mL),此次除氟虽然有效,但是未能达到饮水标准,说明在目前试验条件下用磷酸钙盐除 EY 县温泉水氟还未达到很好的效果,需要做进一步的研究。

10.3.2.2 黏土对温泉水除氟

1. 除氟理论依据

黏土的主要成分是 SiO_2 和 Al_2O_3 等,空隙率为 0.39,如表 10-2 所示,黏表面积大,因其独特的层状结构而具有良好的吸附和离子交换性能。溶液中的 F^- 大部分可通过吸附作用而聚集在黏土上,继而通过明矾的沉降作用而除去。

表 10-2　黏土的组成和性状

SiO_2/%	Al_2O_3/%	CaO/%	Fe_2O_3/%	灼烧损失物	表面积/(m^2/g)	粒径/μm	孔隙率	密度/(g/cm^3)
46.12	39.97	0.60	0.71	12.60	14.29	54.98	0.39	2.71

2. 黏土除氟试验

(1)试验地点。

自然资源部云南地矿中心实验室。

(2)试验材料和仪器。

PXO-3 型离子计(仪器编号 8-13-8-1-1)、氟离子选择性电极、定时搅拌器。

吸附剂:大理 EY 黏土、明矾。

(3)试验方法。

采用氟离子选择性电极法。

(4)试验过程。

取 11 个 200 mL 的烧杯,并把所采集水样分别倒入至规定刻度,根据 10 mg/L 黏土和 5 mg/L 明矾的标准量按比例进行添加,并不断改变添加试剂量、放置时间和溶液温度,待澄清以后取出 50 mL 备用。接着即可用氟离子选择性电极法进行测定,所用试剂和具体过程与第 5 章测水氟相同,此处不再赘述。

(5)试验结果。

本次所采的水样仍然选取了具有代表性的 EY 县牛街乡牛街村公用温泉水,在实验过程中为了达到最好的除氟效果,不断改变所测水样的温度、添加试剂量和除氟的时间,对于添加试剂量除非特别说明的,一律按照黏土加 10 mg/L 和明矾加 5 mg/L,并把这个量作为标准除氟剂量,简称标准量。需要说明的是,本次除氟实验的室温都在 22 ℃。下面把不断改变以上因子所得的除氟效果用图表来表示,分别如表 10-3 ~ 表 10-5、图 10-1 ~ 图 10-3 所示。

表 10-3　室温下添加不同试剂量

样品序号	所测样品特征	除氟前氟含量/$(\mu g/mL)$	除氟后氟含量/$(\mu g/mL)$	除氟率/%
CFSY-1	正常(室温下加入标准量)	5.2800	0.9500	82.0
CFSY-2	室温下 1.5 倍量	5.2800	0.3280	93.8
CFSY-3	室温下 2 倍量	5.2800	0.1200	97.7
CFSY-4	室温下 3 倍量	5.2800	0.0800	98.5

注:表中 CFSY 为除氟水样的中文拼音,后同。

表 10-4　添加试剂量相同时改变作用温度

样品序号	所测样品特征	除氟前氟含量/ (μg/mL)	除氟后氟含量/ (μg/mL)	除氟率/%
CFSY-1	正常(室温 下加入标准量)	5.280 0	0.950 0	82.0
CFSY-7	水样升温 到 50 ℃加标准量	5.280 0	0.750 0	85.8
CFSY-8	水样升温 到 79 ℃加标准量	5.280 0	0.730 0	86.2

表 10-5　室温下加标准量改变放置时间

样品序号	所测样品特征	除氟前氟含量/ (μg/mL)	除氟后氟含量/ (μg/mL)	除氟率/%
CFSY-5	室温下加 标准量放置 30 min	5.280 0	0.870 0	83.5
CFSY-6	室温下加 标准量放置 12 h	5.280 0	0.910 0	82.8

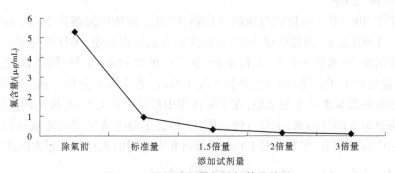

图 10-1　添加试剂量与除氟效果关系

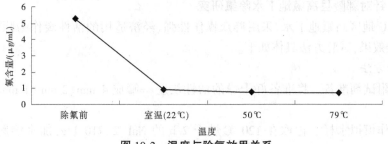

图 10-2　温度与除氟效果关系

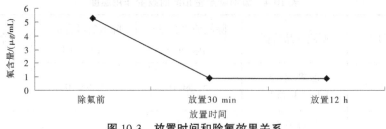

图 10-3　放置时间和除氟效果关系

此次用吸附法除氟试验是在自然资源部云南省地矿厅进行的。从表 10-3~表 10-5、图 10-1~图 10-3 可以看出,在室温下随着除氟剂量的增加,除氟量越来越大,随着在温泉水中加入标准量、1.5 倍量、2 倍量、3 倍量,水中氟含量急剧下降,加入 3 倍标准量时,水中氟含量只有 0.080 0 μg/mL,也就是说,此时水中氟含量微乎其微;当温泉水中加入剂量保持不变,改变其作用温度时,除氟率也升高,但变化不是很大;当温泉水中除氟剂量和作用温度都保持不变、改变其放置时间时,可以看到,随着放置时间的加长,除氟率下降,但下降的幅度很小。从以上可知,用黏土和明矾去除 EY 当地温泉水中氟,虽然当添加试剂量、温度和放置时间不同时,除氟率有所变化,但是除氟后的温泉水氟含量都在 1.0 μg/mL 以下,符合国家要求的饮用水标准,说明本次除氟试验取得了成功。需要说明的是,当温泉水中加入除氟剂量较大时,除氟后的温泉水氟含量过低,如表 10-3 中加 3 倍标准除氟剂量时,温泉水的氟含量为 0.080 0 μg/mL,不能满足人体对氟的需要,这对人体的健康也是不利的,因此在本地区温泉水中加除氟剂时最佳除氟剂量还是标准量:黏土 10 mg/L 和明矾 5 mg/L。

本方法中,由于黏土可以在当地随意找到,明矾在市场的价格为 24 元/kg,每升水除氟的成本是 0.001 2 元,故此法成本低,且该除氟方法操作简便,无复杂的要求,处理后的水仍然清澈透明,对水质无影响,不仅如此,黏土中的矿物质(如钙、镁等微量元素)等无机盐,放入温泉水中还会提高水质,而黏土沉于水底,非常容易分离。据实地调查,EY 本地区有很多蓄积温泉水的水泥水箱,在实际操作中根据水箱的容积,按比例添加除氟剂量就可得到符合标准的饮用水,十分方便。因此,黏土作为经济实用的除氟材料,对本地区的地方性氟中毒的防治,尤其是对 EY 地区经济相对落后的农村具有很大的推广价值。

10.3.3　针对 XC 地区高氟地下水除氟研究

10.3.3.1　针对鄢陵县高氟地下水除氟研究

针对 XC 地区高氟地下水,采用群众操作性强、经济适用的活性炭作为除氟试剂,寻求除氟最佳效果,试验方法具体如下。

1. 试验方法

(1)吸附试剂准备。将准备好干燥的活性炭统一筛成 4 mm、2 mm、1 mm 粒径大小备用。

(2)制作模拟水样。称取在 120 ℃烘干 2 h 的 NaF 2.210 1 g,加水溶解后转移至 1 000 mL 容量瓶中,加蒸馏水至刻度处定容,此标准液每毫升含氟 1 000 μg,加入蒸馏水稀释配制成含氟 10 mg/L 标准工作液,作为降氟模拟水样。

（3）量取体积为 100 mL 的模拟水样，放入用无离子水洗干净的烧杯中，加入吸附试剂，电磁搅拌 30 min，静置 1 h，用滤纸过滤后量取 5 mL 放于 100 mL 的烧杯中，加入离子缓冲液，加入蒸馏水定容至 100 mL，搅拌静置后进行测定。

（4）在相同温度下（室温为 14 ℃），检测并记录不同氟浓度条件下溶液的电位值，计算出氟离子浓度（自然）对数，先根据以下公式计算出氟含量，然后代入式（10-1），所求值为吸附量。试验时的吸附能力 q_e 的计算公式为：

$$q_e = \frac{(C_o - C_e)}{m}V \qquad (10\text{-}1)$$

式中，q_e 为平衡吸附量，mg/g；V 为水样体积，L；m 为吸附剂投加量，g；C_o 为模拟水样中氟离子浓度，mg/L；C_e 为吸附平衡后溶液中氟离子的浓度，mg/L。

2. 结果与分析

（1）活性炭质量对氟吸附量的影响。

在不改变活性炭粒径与静置时间的情况下，改变活性炭的质量，吸附量结果见表 10-6。

表 10-6　不同活性炭质量吸附量结果

质量/g	1	3	5	7
F⁻/(mg/L)	9.00	4.44	5.05	5.20
F⁻吸附量/(mg/g)	0.10	0.19	0.10	0.09
降氟量/(mg/L)	1.00	5.56	4.95	6.05

由表 10-6 可知，本次研究中当活性炭粒径与静置时间不变，改变活性炭质量，放入的活性炭质量在 3 g 时，也就是固液比为 3∶100 时，活性炭对氟的吸附量最大；当固液比为 7∶100 时，活性炭对氟的吸附量最小；当放入活性炭的量再增加时，对氟的吸附量有所下降。说明活性炭对氟的最佳吸附量有一定的适度量，本次试验最佳固液比为 3∶100。由图 10-4 可知，放入活性炭的质量与吸附量在小于 3 g 时是正相关关系，大于 3 g 时是负相关关系。

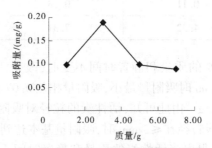

图 10-4　不同活性炭质量吸附量

（2）活性炭静置时间对氟吸附量的影响。

在不改变活性炭粒径与静置质量的情况下，改变活性炭的静置时间，吸附量结果见表 10-7。

表 10-7　不同静置时间活性炭吸附量结果

时间/h	1	2	4	5	10
F⁻/(mg/L)	9.00	4.44	5.05	5.20	4.17
F⁻吸附量/(mg/g)	0.11	0.13	0.14	0.15	0.15
降氟量/(mg/L)	4.32	5.12	5.51	5.82	5.83

由表 10-7 可知,活性炭对氟的吸附是一个缓慢的过程,随着静置时间的延长,吸附量随之升高。当活性炭质量与粒径不变、改变活性炭的静止时间时,静置时间在 10 h 吸附量基本达到平衡的状态。由图 10-5 可以看出,活性炭吸附水中氟离子的吸附量与静置时间是正相关的关系。

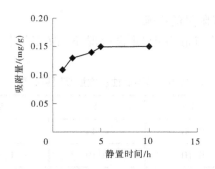

图 10-5　不同静置时间活性炭吸附量

(3)活性炭粒径对氟吸附量的影响。

在不改变活性炭质量与静置时间的情况下,改变活性炭的粒径,吸附量结果见表 10-8。

表 10-8　不同粒径活性炭吸附量结果

粒径/mm	4	2	1
F⁻/(mg/L)	9.00	4.44	5.05
F⁻吸附量/(mg/g)	0.11	0.18	0.17
降氟量/(mg/L)	4.32	7.31	7.19

由表 10-8 可知,当活性炭的质量和静置时间不变时,改变活性炭的粒径,粒径在 2 mm 时吸附量最大,粒径在 4 mm 时吸附量最小,吸附量相差 0.07 mg/g;活性炭粒径 1 mm 和 2 mm 吸附量相差 0.01 mg/g。由此可知,活性炭的粒径对吸附量的影响较大,活性炭粒径越小,吸附量越大,活性炭粒径在≤2 mm 时,吸附量基本达到饱和。

本次研究通过控氟试验,得出当活性炭的质量和静置时间不变,改变活性炭的粒径时,粒径在 2 mm 时吸附效果最好;当活性炭的质量和粒径不变,改变活性炭的静置时间时,活性炭对氟离子的吸附反应随着时间的增加而吸附量增大,静置时间在 10 h 基本达到平衡;当活性炭的粒径和静置时间不变,改变活性炭的质量,当模拟水样为 100 mL 投放量为 3 g 时,吸附效果最好。不同粒径活性炭吸附量见图 10-6。

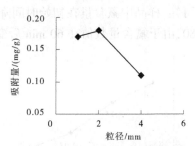

图 10-6　不同粒径活性炭吸附量

10.3.3.2　针对禹州市方山铝土矿区高氟地下水除氟研究

1. 试验方法

针对禹州市方山铝土矿区高氟地下水采用活性炭颗粒作为除氟试剂,寻求除氟最佳效果,试验方法具体如下:

(1)在室温稳定情况下,加入活性炭颗粒 1 g、2 g、5 g、10 g 于 4 个 50 mL 烧杯中,加入 5 mL 离子强度调节剂,最后用含氟 10 mg/L 的标准溶液定容。充分搅拌后,过滤于 50 mL 烧杯中,测定氟含量。

(2)在除氟剂量不变、室温稳定情况下,加入标准活性炭颗粒 5 g 于 4 个 50 mL 烧杯中,加入 5 mL 离子强度调节剂,最后用含氟 10 mg/L 的标准溶液定容至标线,分别静置 10 min、20 min、30 min、60 min。过滤于 50 mL 烧杯中,测定氟含量。

(3)在除氟剂量不变的情况下,加入活性炭颗粒 5 g 于 3 个 50 mL 烧杯中,加入 5 mL 离子强度调节剂,最后用含氟 10 mg/L 的标准溶液定容至标线,分别加热至 20 ℃、30 ℃、40 ℃,过滤于 50 mL 烧杯中,测定氟含量。

2. 结果与分析

(1)在室温稳定情况下,加入活性炭颗粒 1 g、2 g、5 g、10 g,高氟水中氟含量由 10 mg/L 分别降至 3.60 mg/L、3.54 mg/L、3.11 mg/L、2.47 mg/L。从图 10-7 可知,在除氟剂量 10 g 范围内,加入除氟剂量越多,样品中氟含量越低。

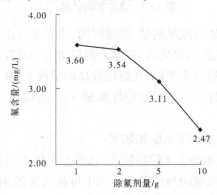

图 10-7　除氟剂量控制试验

(2)在除氟剂量不变、室温稳定情况下,加入标准活性炭颗粒 5 g,静置 10 min、20 min、30 min、60 min,高氟水中氟含量由 10 mg/L 分别降至 3.30 mg/L、3.15 mg/L、2.93

mg/L、2.82 mg/L。由图 10-8 可知,样品中氟含量在初始时间降低比较明显,在 60 min 后趋于平稳,数值介于 2.82~2.80,由于氟含量数值在 60 min 后变动很小,不再进行记录。

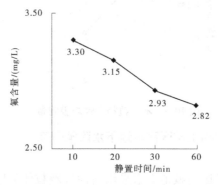

图 10-8　静置时间控制试验

(3)在除氟剂量不变的情况下,加热至室温 20 ℃、30 ℃、40 ℃,高氟水中氟含量由 10 mg/L 分别降至 3.30 mg/L、2.68 mg/L、2.34 mg/L。由图 10-9 可知,氟含量在 20~40 ℃随温度升高而逐渐降低,由于加热过高可能会对试验仪器造成损坏,在 40 ℃以上不再进行试验。通过相关氟含量控制温度条件的研究文献,氟在 40 ℃趋于最低临界值,40 ℃以上氟含量也有升高的情况。

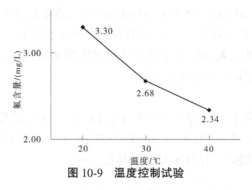

图 10-9　温度控制试验

通过 3 组控制试验,分别对除氟剂量、静置时间、室温条件进行控制,测试高氟水氟含量在不同条件下的变化。试验结果表明:在除氟剂量增加和静置时间延长的条件下,高氟水中氟含量会逐渐降低,最后趋于平稳;在温度升高的情况下,高氟水氟含量在 20~40 ℃随温度升高而逐渐降低;活性炭颗粒控制在静置 60 min、温度 40 ℃、除氟剂量 10 g 时,对高氟地下水除氟效果最好。

10.3.3.3　针对 XC 市区高氟地下水除氟研究

本部分针对 XC 市区高氟地下水除氟研究,选取黏土作为除氟试剂,设计不同变量试验,研究黏土在不同变量下除氟的最佳条件。黏土可称为天然纳米试剂,黏土颗粒较细,使得该吸附剂的比表面积比较大,黏土具有容易改性的特点。由于以上的优点,黏土作为除氟质料优良基体,设置不同的变量进行除氟功能试验的设计。

1.试验方法

本次试验以黏土作为除氟试剂,采用黏土的静态吸附试验,在观察试验中对吸附溶液

pH 值、黏土粒度、溶液静置时长、黏土试剂投加量等不同变量对除氟剂除氟性能的影响。对水中黏土除氟进行静态试验,找出其最佳变量下的除氟条件,讨论其除氟效果。

XC 市黏土资源丰富,本次试验选取 XC 市魏都区南瑞祥路附近的黏土作为除氟材料自然风干。通过静态试验研究黏土除氟剂颗粒大小、黏土试剂投加量及溶液静置时长、初始溶液 pH 值等不同变量对含氟水除氟效果的影响。称取不同重量的黏土,筛取 0.1 mm、0.1~0.25 mm、0.25~1 mm、1~2 mm 等不同粒径的黏土备用。

2. 结果与分析

(1)溶液静置时长对除氟效果的影响。

选取氟浓度为 5.94 μg/g 的含氟水 55 mL,称取 4 份粒径为 0.1~0.25 mm、质量为 0.25 g 黏土分别加入 4 份样品水中,分别静置 20 min、40 min、60 min、120 min 后测定溶液中的氟电位值,结果如图 10-10 所示。

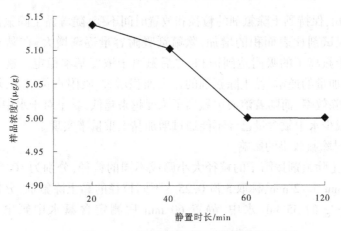

图 10-10　溶液静置时长对除氟效果的影响

由图 10-10 可知,在该试验中,选取相同粒径和相同重量的黏土加入含氟水中,随黏土在水中浸泡时间的递增,黏土对于含氟水的除氟量也相应增加,经过测定,在前 60 min 内黏土除氟速率较快,在吸附时长为 60 min 时,吸附容量达到了饱和,黏土对于溶液中氟离子的吸附量基本不再增加,表明达到相应时间后,黏土对于含氟水中氟离子的吸附基本达到了饱和吸附量。该试验开始时黏土对于氟离子的吸附速度较快,主要是作为载铝土壤吸附剂的黏土表层含有大量的水化羟基,能够在黏土表面形成巨大的吸附区域。同时,试验刚开始时溶液中氟离子含量相对较高,此条件下黏土对溶液中氟离子的吸附有利;然而,随着反应时间的不断增加,该试验含氟水中氟离子含量不断递减,一段时间后,黏土对于氟离子的吸附速率显著减慢。这可能是因为:一方面,随着时间的不断增加,黏土吸附剂表层的吸附点位逐渐被占满,氟离子只有进入到黏土吸附剂内部才能被吸附;另一方面,溶液中氟离子含量的减少,导致吸附速率减慢。当黏土吸附剂对于溶液中氟离子的吸附速率基本不变时,这时可认为溶液中氟离子含量保持不变,即吸附反应达到饱和。

(2)黏土除氟剂投加量对除氟效果的影响。

在氟离子浓度为 5.94 μg/g 的 55 mL 水中,放置粒径为 0.1~0.25 mm,质量分别为

0.1 g、0.3 g、0.6 g、1 g 的黏土,静置 60 min 后测定含氟水中氟电位值,结果如图 10-11 所示。

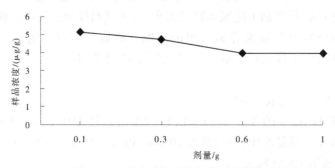

图 10-11　黏土除氟剂投加量对除氟效果的影响

由图 10-11 可知,保持黏土除氟剂的粒径和放置时间不变,随着黏土除氟剂投加量的不断增多,由于黏土试剂比表面积的增加,除氟剂吸附容量逐渐增大,在黏土重量达到 0.6 g 时对于溶液中氟离子的吸附达到饱和,之后氟离子浓度基本稳定。这主要是因为随着黏土除氟剂投加量的递增,黏土除氟剂的比表面积增大,吸附点位增多,增加了黏土试剂对氟离子的去除效率,而随着溶液中氟离子浓度越来越低,黏土对于水中氟离子的吸附基本达到稳定,减少水中氟含量已经不能通过增加黏土重量来实现。

（3）黏土粒径对除氟效果的影响。

将处理好的黏土除氟剂按筛子的粒径大小筛成不同的粒径,分别为<0.1 mm、0.1~0.25 mm、0.25~1 mm、1~2 mm,称取 5 份 0.25 g 不同粒径的黏土除氟剂,分别加入氟离子浓度为 5.94 μg/g 的 55 mL 水中,静置 60 min 后测定含氟水中氟电位值,结果如图 10-12 所示。

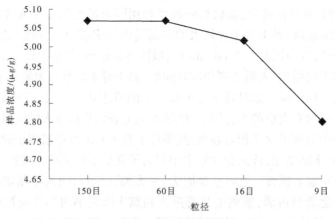

图 10-12　黏土粒径对除氟效果的影响

由图 10-12 可知,保持溶液中投放除氟剂质量不变、放置时间不变,改变投放黏土的粒径,可以发现,在试验中随着投放黏土试剂颗粒粒径的减小,黏土除氟剂对于溶液中氟离子的吸附容量逐渐增大,这是因为在试验中随着黏土颗粒的粒径减小,黏土颗粒总的表面积就越大,因而有利于吸附反应在颗粒表面的进行。

(4)pH 值对黏土除氟剂除氟效果的影响。

在氟浓度为 5.94 μg/g 的 55 mL 水中,放置质量为 0.25 g、粒径为 0.1~0.25 mm 的黏土,在样品中滴入盐酸,样品 pH 值分别为 4.94、5.42、5.79、5.90,静置 60 min 后测定含氟水中氟电位值,如图 10-13 所示。

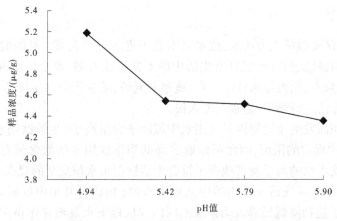

图 10-13　pH 值对黏土除氟剂除氟效果的影响

由图 10-13 可知,保持溶液中黏土的投加剂量、黏土试剂的粒径和溶液的放置时长不变,以溶液的 pH 值作为变量,通过测定可以发现随着溶液的 pH 值不断增高,黏土试剂的吸附容量呈现显著下降的趋势。因此,在该试验中可认为在中性环境下更适合黏土吸附剂对于含氟水的处理,在黏土对于溶液中氟离子的吸附中,酸碱度过高或过低都不利于该吸附过程的进行。这是因为在弱酸性环境中时,溶液中氢离子含量较高,H^- 主要以溶解-沉淀作用对氟离子进行吸附,因此溶解速度相对较快;在酸性环境中,由于离子交换和表面的物理吸附能力不强,造成药剂吸附量比较低。随着溶液中碱度的不断增大,溶液中 OH^- 含量增加,这时溶液中 Al^{3+} 具有溶解-沉淀作用、离子交换的优势,对溶液中的 F^- 进行吸附,使得黏土对于溶液中氟离子的去除率很快提高;但随着 pH 值的不断升高,OH^- 增多,此时 OH^- 会与 F^- 竞争 Al^{3+} 对阴离子的吸附点位,使得吸附 F^- 的能力减弱。试验结果为黏土除氟剂在近中性条件下对水中氟离子的去除效果最好。

针对 XC 地区高氟地下水的特点,以来源广泛的黏土资源作为除氟试剂进行地下水的除氟试验设计,这种黏土除氟剂不仅吸附效果良好,而且价格低廉、简单易行。通过设置一系列不同变量的静态试验,研究了黏土除氟剂吸附效果的影响,并确定了黏土除氟剂在不同条件下的最佳除氟条件。试验结论:①本试验以黏土为原料,经由风干、研磨和筛分等试验确定了黏土除氟剂的最佳粒径为 0.1 mm,这是由于黏土颗粒的粒径越小,表面积就越大,有利于黏土表层吸附点位对于氟离子的吸附。②在一系列的静态试验中,证明随着黏土除氟剂量的不断增大,黏土除氟剂的吸附量也随之不断增大,在 55 mL 水中添加 0.6 g 黏土时,基本达到黏土除氟剂的饱和吸附。通过试验可知,随着溶液放置时间的增加,前 1 h 内黏土对于水中氟离子的吸附速度较快,但达到 1 h 后吸附量基本不再增加,这说明经过一定时间后,黏土除氟剂对于水中氟离子的吸附基本达到均衡,即达到了饱和吸附量。③在试验中发现,近中性环境中,黏土对于氟离子的吸附速度相对较快。而一般处理的饮用水 pH 值应为 5～8,因此该试验可用于一般含氟水的处理。

10.4　防治措施和生态降氟途径

10.4.1　防治措施

高氟地下水地区要继续大力改水,改水后水龙头进入每户人家。开展健康教育和干预,提高病区人群的健康意识,改变日常生活中的不良生活习惯,改变传统观念 EY 地区教育群众不饮用温泉水,用低氟水洗涤粮食、蔬菜和煮饭,减少污染,提高防治效果。对已研究的除氟、降氟方法进行推广,造福当地人民。

XC 地区地氟病高发的主要原因是饮用水中氟离子含量高于《生活饮用水卫生标准》(GB 5749—2022)中规定的限值,因此可以通过降低当地饮用水的氟含量有效预防地氟病,其基本原则是饮用水的离子及其他离子符合生活饮用水水质规范的要求。据此,首先可以在研究区域范围内寻找适于饮用的中低地下水源(包括可开采中低氟地下水、引水工程等);其次,为了达到降低局部流动系统汇区内浅层地下水及粮食作物中的氟含量水平,可以在局部地下水流动系统内利用植物具有的较强吸附土壤氟的能力,发挥植物的根群坝在局部源区到汇区内的层层拦截作用;最后,对饮用水采取降氟处理的方式,包括各种化学物质如骨炭、明矾等的化学处理,以及冰冻、煮沸的物理处理方式。

10.4.1.1　改变居民饮水习惯

由于温泉水使用方便,当地居民用这种水的时间已经很长,有一种惯性(据此走访调查,很多居民反映用当地温泉水做饭方便,并且比用自来水做饭味道更好),有些还没有意识到温泉中水氟对人体的影响十分严重,现在并不是所有病区的居民都已经使用了低氟水,很多居民仍然在使用这种高氟温泉水。从居民层次上看,首先,可以强化当地群众的防病意识,改变其落后的观念,提高居民主动性,弱化居民“等、靠、要”的思想;其次,向当地群众普及地氟病的相关知识,尽可能改变当地群众防病依赖政府的思想观念,使其在主观上有积极性,以达到地氟病的扩散可以得到有效控制的目的。对这些居民要加强健康教育,尤其普及高氟水对人体健康的危害的有关知识,改变他们长期的饮水习惯,不饮用高氟温泉水,生活中使用低氟水源或降氟后的温泉水。

在当地低氟地下水源地与病村相距较远时,会造成输水经济成本较高,此时,发病村可以根据研究区内的气象气候状态收集雨水作为饮用水水源,XC 地区属于温带半干旱半湿润季风型气候,其一般降水多集中在 7～9 月,此阶段降水量占年总降水量的 70% 以上,因此处于夏秋雨季时,病村可通过收集氟含量较低的雨水作为饮用水源,以达到防治地氟病的目的。

10.4.1.2　改变直接使用高氟地下水灌溉农田

EY 地区对当地的土壤、粮食和蔬菜中的氟含量已经进行过测试,土壤中的平均氟含量为 732.014 $\mu g/g$,而我国南方红壤正常氟含量为 236.2 $\mu g/g$,所研究区域的氟含量比正常值超标 3 倍多;所测粮食和蔬菜样品中虽然粮食氟含量为 0.696 8 $\mu g/g$,达到国际标准,但所取蔬菜样品的平均氟含量为 11.570 7μg/g,严重超标,尤其是蒜苗的氟含量竟然超过正常标准的近 20 倍。究其原因,主要是当地农田的灌溉水基本上都是附近的高氟温泉水,且多使用瓢进行喷洒,很多温泉水喷落到蔬菜和粮食作物的叶面,使土壤和生长的蔬菜氟含量急剧增加,而土壤中和蔬菜中的高氟又会通过食物链进入人体或当地牲畜体内,导致氟中毒。对此,也要加强宣传,引导当地农民使用低氟水源或除氟后的温泉水灌溉农田,防止农田氟污染。

10.4.1.3　除氟、降氟方法的推广

20 世纪 80 年代,云南省各级政府部门开展 EY 地区氟中毒的改水措施,以此控制地氟病的流行。迄今为止,各级政府已经投入了大量资金,地方性氟中毒疾病的防治在一定程度上取得了一定成效,部分地区效果较为明显,但由于水价较高、供水水量限制,不能完全满足居民使用,当地居民仍然会使用方便易取的温泉水。要想真正解决当地的地氟病问题,必须改变预防的思路。温泉水进行除氟、降氟,既可以让居民继续使用温泉水,又不致引起地氟病,本书的研究成果将积极向当地政府推行,在农户中推广使用。除氟、降氟研究,是利用 EY 当地随处可取到的黏土,再加明矾沉淀除氟、降氟,不论怎样改变温度,除氟、降氟效果都很好,完全可以达到国家要求的饮水标准,在本地区进行广泛推广是可行的。

10.4.1.4　强化管理,充分发挥温泉水除氟、降氟效益,做到可持续发展

对温泉水进行除氟、降氟管理,可以实现少量投入,获得最大效益,因此是十分重要的。首先,建议各级政府组织有关专家制定“改水降氟防治地方性氟中毒管理方法”,将防治地氟病工作纳入法治化管理,做到有章可循、有法可依。此外,为使除氟、降氟项目可持续运行,要坚持政府主导、部门配合、地方疾病控制中心组织,多渠道、多途径地做好除氟、降氟工作。其次,病区温泉水在充分发挥原有改水工程的基础上,加快了除氟进程。最后,为确保和巩固除氟、降氟工作成果,加强对县(乡、镇)水厂的管理,对管水人员进行相关培训,培养选拔责任心强、有文化、懂业务的人员进入水厂工作。严把质量关,科学管理,推动除氟项目的良性发展。

10.4.1.5　加强地方病应急体系及信息网络建设

各级疾控机构应加强对地方病防控专业人员的培训,并不断提升其基本的业务素质,以适应突发事件的发生。构建全国和地方共同协作的各级监测信息网络,让其可以准确地掌握疾病和防治的信息,为各级政府制订防控计划提供科学依据。

10.4.1.6　健康教育防治地氟病

从地方病防治工作中得出的一个重要经验是,要想做好地氟病的防治,需要政府的支持加上群众自觉的参与,两个方面的积极性的共同配合才能起到重要作用。因此,我们应该通过健康教育,让受影响地区的人们了解地方性氟中毒的原因、危害和有效的预防和控制措施,使他们能够积极参与预防和控制工作,珍惜除氟、降氟项目,保持正常运行。只有让公众真正认识到地方性氟中毒的危害,了解科学的防治方法,才能有效控制地氟病的流行。与以前相比,人民生活水平有了很大提高,受灾地区的一些居民已经具备了一定的经济条件和疾病预防措施。人们已经逐渐意识到不良生活习惯对健康的影响,迫切需要减少氟化物,预防疾病,提高生活质量。如果在此基础上开展预防和控制局部氟中毒的健康

教育和健康促进干预,将必要的健康信息传播给公众,并提供必要的技术支持,就可以提高公众的健康意识,促进他们改变防病观念,引导其采取减少氟摄入量的相关措施,推动他们改变不良生活卫生习惯。

10.4.1.7　提高地方性氟中毒地区居民的营养水平

地氟病与居民身体素质、营养水平也有一定的关系。因此,可以通过当地生产的发展,使人们的生活、文化、教育水平得到提高。在 EY 地区,如果当地居民的生活、文化、教育水平得不到提高,自我卫生意识得不到提高,即使换水也难以夯实。

10.4.1.8　药物治疗

要彻底解决局部氟中毒问题,仍需不断努力,寻找突破口。我们可以进行科学研究,宏观与微观相结合,实地与试验相结合,需要多学科干预。总的来说,对本区地方性氟中毒防治措施除继续加强健康教育活动,探索传播形式,有效地提高健康知识知晓率,并以政府为靠背,继续加强改水活动外,还要把所研究的温泉水除氟、降氟技术进行推广,当然对这种除氟方法也要建立专门的监测。

10.4.2　生态降氟途径

生态降氟途径的提出主要是根据系统理论中隔离机制的思想,即在局部流动系统范围内,通过根群坝、农林复合系统等各种类型的降氟植被系统,人为干预土壤包气带内源到汇的运动途径,实现土壤氟淋滤进入地下水迁移过程的化整为零和层层截留,以达到降低局部流动系统汇区浅层地下水和土壤中农作物氟含量水平的目的,通过收割的方式除去植物吸收的氟元素。

这种方法的基本依据是,在水圈、土壤圈和动植物圈的氟循环过程中,土壤氟以两种形式进入人体,一种是通过植物和动物进入人类食物链,另一种是饮用地下水,与植物和动物的高含量相比,地下水的形式对人类健康更为危险。因此,生态降氟途径的主要作用是削弱通过土壤浸出进入地下水的富氟量,同时也具有减少土壤通气带作物吸收的作用。

在生态除氟方面,生态地质学中的植物栖息地和物种栖息地稳定层理论已经成熟。与此同时,类似的植物修复技术在 21 世纪初逐渐在国际上被采用,美国新泽西州已成功应用植物修复技术,回收因制造电池而被铅污染的土地。我国还建立了首个国际砷污染植物修复示范项目,并相继在广西河池市、云南红河州推广应用。因此,生态降氟方法在理论和技术上都有很好的基础。相对于改水费用和化学处理价格,它具有降低高氟地下水防治成本的优势。它可以作为大规模还原和保持氟化物还原稳定性的基本措施。然而,要取得显著成果仍然需要一个过程,这是一项长期的综合生态工程,容易受到供水、土壤肥力、品种选育和配套等外部环境因素的影响。这也是本次调查研究工作重点和致力于深入研究的主要原因。

10.5　不同地区生态降氟建设措施

建立生态降氟系统的关键是构建多个完整的植被群落根群层。然而,就地貌单元而言,山地和丘陵地区的土壤氟含量变化复杂,而平原地区则相对单一;就小地貌单元而言,顶部和上部斜坡的土壤氟容易迁移,超级斜坡和谷底的土壤氟很容易积累。因此,地貌元素对土壤氟的水平分化是明显的。这就要求我们根据不同的地形,提出相应的生态防治措施。例如,在山区,应保留原始的自然植被带,尽可能减少对地表土壤肥料和瓶子的干扰;农田之间可以增加植物林带,通过乔木和灌木的根系吸收和转化土地环境中下部的氟,减少土壤渗入地下水的氟。因此,在构建湘东平原和南阳盆地的生态滴瓶系统时,应根据这两个地区的山地、丘陵和平缓冲积平原工作类型的地形条件,设置不同的滴瓶植物围栏,以降低地下水中瓶子的背景值。

10.5.1　山地丘陵生态降氟系统的构建

与盆地中部的冲积平原相比较,丘陵地区属于氟的来源地带,该地区主要分为山顶和山坡地段两部分,受到人为的干扰较少。

10.5.1.1　山顶

山顶土壤形成条件普遍较差。风化母材和岩石,除局部发育的厚度小的残土外,在地表面很常见。总体而言,陡坡或裸露基岩地区的植被覆盖率相对较低,通常难以形成完整的冠层。植物的根系片也需要改善。受大规模降水影响,土壤和松散的母质容易受到溅射电镀、表面侵蚀等各种侵蚀,土壤氟往往在低地地形形成"氟源"。

减弱山顶土壤和母质侵蚀与损失的有效措施主要是增加该地区的植被覆盖率,阻断沉积物,减缓流速,通过植被对水溶性物质的吸收和降解达到对土壤氟的固定和吸收。一般来说,在土壤较高、母质较粗糙的地区,通过育苗和播种可以提高植被覆盖率,在土壤和母质较薄的地区以圈地为主。这主要是因为该地区人工种植成活率低,在受到人类干扰的情况下,有加剧土壤侵蚀的趋势。

10.5.1.2　山坡地段

山坡地段一般依据坡度是否高于 15°分为两种类型,在高于 15°的山坡中,土壤厚度一般较薄,水分和肥力条件较差,同时,自然植被的林冠层次以及根群层片均不十分完善,然而,由于植被本身具有吸收土壤营养成分的作用,在这类坡地上种植坡土与土壤达到相对平衡的状态,如果破坏原有的生态结构,再种植其他植被进行补种,就会造成土壤的进一步流失。因此,这类地段要尽量减少人为干扰和围垦,对这部分土地的使用一定要提前严格规划,并提前预留一定比例的自然植被带。

为减少坡面物质的流失,应尽快完成退耕还林,或在人工林地之间区域保留部分原有的植被带,也可考虑在顺山坡方向布设人工林地,种植草本、灌木结构的植物,形成多样化的群落结构,这对最大限度地利用土壤母质厚度吸收土壤氟非常有利。

10.5.2　岗地生态降氟系统的构建

岗地区域位于山地丘陵与平缓冲积平原之间,是土壤中氟含量的汇源区,主要分布于山前的平原地带。因此,对于如何有效地吸收山地丘陵区流入的氟,以及降低在该地貌条件下形成土壤氟是实现生态固氟降氟的关键。岗地土层厚度一般比山地大,土壤的水肥条件更好,由于受到人为活动的干扰更多,造成植被种类较多,形成的根群片不完整,影响植被吸氟的效果。对于这种情况,可以采用坡面植物设置篱的形式,来改善其生态系统的降氟功能。

10.5.3　平缓冲积平原生态降氟系统的构建

良好的地境条件构成了区内草本、湘木、乔木3种类型的植被结构,这些区域由于受到人为活动的干扰最为明显,改造的结果往往造成该区域内植被种类日益单一。由于覆盖率低,作物区普遍种植的作物只利用第一层,而第二层、第三层的功能没有得到充分利用,土壤淋溶常渗入水中,形成高氟地下水区,主要采用以下方法改善局部段的生态系统功能。

10.5.3.1　构建农林业生态复合系统

由于不同类型植被所占深度不同,混合种植多种植被可以减少植物对土壤水分和肥料的激烈竞争,多个根菌落的存在可以有效阻断和吸收土壤氟化物,形成有效的"根群坝",达到减少地下水中氟化物的效果。因此,在平缓冲积平原上高氟地下水的广阔分布区,往往通过在农田周围种植植被群落而形成农林复合系统。

尤其注意的是,生态系统在构建农林生态复合系统时要考虑植物物种之间的匹配和间距,冠层在植物之间提供遮阴,因此植物将一定的亚生物质释放到环境中,影响附近其他植物的生长发育。

10.5.3.2　空地植被缓冲带

空地主要有田野、路边、河边荒地等类型。限制开放空间植物缓冲区类型的因素包括一些作物的生理特性,主要是水稻和其他需要水的作物。蛾类的特性限制了与其他乔木和灌木组合生态系统的形成,一般植被缓冲带是决定其功能优势的关键变量,只有在广度和深度足够的条件下,才能有效实现生态系统功能。

建立空地植被缓冲带的原则是沿下游方向建设土坡,通常在农田边缘。通过深层缓冲区根群分层,吸收农田土壤和表层土壤渗出的氟化物,转化为深层根群,减少氟化物向地下水的入渗,在河流之间建立缓冲区。地下水埋藏稀疏,一般不适宜种植以草本植物为主的深部陆生乔木,在缓冲草甸周围设置乔灌复合缓冲区。

10.5.3.3　总结

饮用氟含量不超过1.0 mg/L的水是改善不同地区氟中毒现状的有效措施,而控氟首先可以在包括开采中低氟地下水、引水工程等地寻找适合饮用的中低氟地下水源。化学降氟措施是指对饮用前的饮用水进行降氟处理,包括用骨炭、明矾等各种化学处理,并对其进行冰冻、煮沸。生态降氟方法是根据系统理论中隔离机制的思想和生态地质学的基本原理,通过各种层次的植物"根群坝"分解研究区域内氟的运动路程,达到化整为零、层层截留氟元素的效果,降低高氟地下水和地下水中氟元素的含量,达到人体摄入水和食物中氟元素含量低于国家标准的方法,以降低浅层地下水和粮食作物中氟元素含量水平。此外,变温降氟法也是高氟地下水除氟的一项重要措施。变温降氟是指通过人工冷冻或煮沸等方式,使饮用水降温或增温,使其氟含量降低。试验结果证明,本方法可以使水样中的氟离子含量有所下降,氟离子降低幅度高达45%以上,最低也不小于19%,而且该方法成本低、方便易行。

参 考 文 献

[1] Arnesenakm, Abrahamseng, Sanvik G. Aluminium smelters and fluoride pollution of soil and soil solution in Norway[J]. Sci Total Environ, 1995(163): 39-53.

[2] Arnesenkm. Availability of fluoride to plants grown in contaminated soils[J]. Plant Soil, 1997, 191: 13-25.

[3] 白卯娟, 娄壮义. 含氟水治理方法分析[J]. 青岛建筑工程学院学报, 2002, 23(1):83-86.

[4] 蔡宏道. 现代卫生环境学[M]. 北京:人民教育出版社, 1995:616-659.

[5] 王安伟, 叶枫, 李桂科, 等. 云南省洱源县温泉型氟中毒流行病学调查[J]. 中华地方病学杂志, 2005, 24(2):205-206.

[6] 陈国阶, 余大富. 环境中的氟[M]. 北京:科学出版社, 1990:64-83.

[7] 陈庆沐, 刘玉兰. 氟的土壤地球化学与地方性氟中毒[J]. 环境科学, 1979, 2(6):5-9.

[8] 董庆洁, 邵世香, 孟淑芹. 介质条件对锆水合氧化物除氟性能的影响[J]. 天津理工学院学报, 1999, 15(2):78-80.

[9] 孙厚仁, 黄建. 生物及土壤样品中氟和氯的测试方法研究[J]. 能源技术与管理, 2016, 41(5): 138-141.

[10] 中华人民共和国卫生部. 生活饮用水卫生标准:GB 5749—2022[S]. 北京:中国标准出版社,2022.

[11] Gilpin L, Johnson A H. Fluoride in agricultural soils of Southeastern Pennsylvania[J]. Soil Science Society America Journal, 1980, 44(2):255-258.

[12] 高锡珍, 靳宏志. 水洗在活性氧化铝氟解吸过程中的作用[J]. 湿法冶金, 2000, 4(19):1-5.

[13] 何振立. 污染及有益元素的土壤化学平衡[M]. 北京:中国环境科学出版社, 1998:307-310.

[14] 吴广恩. 煤烟污染型氟中毒[J]. 中华地方病学杂志, 1986(5):4-8.

[15] 焦有, 魏克循. 河南省重氟区土壤和地下水氟状况及土壤负吸收特性的研究[J]. 水土保持研究, 1994, 10(5):88-89.

[16] 王俊东. 氟中毒[M]. 北京:中国农业出版社,2007.

[17] 黎成厚, 万红友, 师会勤, 等. 土壤水溶性氟含量及其影响因素[J]. 山地农业生物学报, 2003, 22(2):99-104.

[18] 谭见安. 氟的地域分异、生态平衡与健康[J]. 国外医学(医学地理分册), 1990(1):1-3.

[19] 戴国钧. 地方性氟中毒[M]. 呼和浩特:内蒙古人民出版社, 1985:2.

[20] 刘斐文, 肖举强, 王萍, 等. 含氟水处理过程的"吸附交换"机理[J]. 离子交换与吸附, 1991, 7(5):378-382.

[21] 刘纪昌. 磷肥厂附近土壤的氟污染[J]. 环境科学, 1979, 2(2):9-13.

[22] 李日邦, 谭见安, 王丽珍, 等. 我国不同地理条件下耕作土中的氟及其与地方性氟中毒的关系[J]. 地理研究, 1985, 4(1):30-40.

[23] 杨军耀. 水-土系统氟迁移影响因素分析[J]. 工程勘察, 1998(3):42-44.

[24] 刘兆昌, 张兰生, 聂永丰, 等. 地下水系统的污染与控制[M]. 北京:中国环境科学出版社, 1991:225-232.

[25] 李韵珠, 李宝国. 土壤溶质运移[M]. 北京:科学出版社, 1998:113-130.

[26] 刘晓圆. 饮用水除氟技术的发展与应用[J]. 中国给水排水, 1989, 3(12):26-39.

[27] 凌波. 铝盐混凝沉淀除氟[J]. 水处理技术, 1993, 16(6):418-421.

[28] 范淑玲. "十三五"期间我国地方性氟中毒防制现状[J]. 环境与职业医学, 2020, 37(12):
　　　1219-1223.

[29] 牟世芳. 离子色谱[M]. 北京:科学出版社, 1986:124.

[30] Machoy M A. Fluorine in toxicology medicine and enviroment protection[J]. Fluorine, 1999, 32(4):
　　　248-250.

[31] Polomski J, Filler H, Blaser P. Accumulation of Air-borne fluoride in soils[J]. Environ Qual, 1982, 11
　　　(3): 457-461.

[32] 潘秀英. 分析化学准确度的保证和评价[M]. 北京:计量出版社, 1987:203.

[33] 彭天杰, 余文涛, 袁清林, 等. 工业污染治理技术手册[M]. 成都:四川科学技术出版社, 1985:
　　　67-70.

[34] 刘文质, 张玉杰. 饮用水沸石除氟[J]. 水处理技术, 1995, 21(3):166-170.

[35] 孙立成, 万小平, 陈雪明. 电凝聚饮用水除氟的理论与实践[J]. 氟研究通讯, 1988, 2(7):18-20.

[36] 吴自强, 魏艳平. 无机高分子絮凝剂在国内的研究进展[J]. 鹭江职业大学学报, 2005(1):
　　　670-687.

[37] 吴敦敖, 袁法松. 杭州市半山地区氟在水土系统中迁移转化的实验研究[J]. 环境污染与防治,
　　　2005(2):5-9.

[38] 刘士荣. 几种固体吸附剂的吸附能力研究[J]. 水处理技术, 1989, 15(3):153-158.

[39] 王云, 魏复盛. 土壤环境元素化学[M]. 北京:中国环境科学出版社, 1993:98-103.

[40] 吴忠勇. 环境监测[M]. 北京:中国环境科学出版社, 1997:67-70.

[41] 吴华雄, 孟林珍, 许维宗. 反渗透法处理含氟废水的实验研究[J]. 电力环境保护, 1998, 14(3):
　　　1-5.

[42] 徐莉英, 邢光熹. 土壤中氟的分布[J]. 土壤, 1993, 27(4):191-194.

[43] 袁劲松, 张在利. 含氟废水的混凝沉淀处理[J]. 污染防治技术, 1999, 12(4):217-218,221.

[44] 广敏. ABC 转运蛋白介导茶树根系跨膜吸收转运氟的分子机制研究[D]. 合肥:安徽农业大
　　　学, 2019.

[45] 张贞. 许昌市城市绿地园林植物调查及应用研究[D]. 开封:河南大学, 2012.

[46] 张冰. 鲁西北平原高氟地下水分布规律及成因分析[D]. 北京:中国地质大学, 2014.

[47] 王艳, 彭金华, 吴宁. 许昌市饮水型地方性氟中毒病区控制评价[J]. 中国地方病防治, 2020, 35
　　　(1):39-41.

[48] 刘学周, 余波, 张莉, 等. 河南省改水降氟工程运行现状调查[J]. 中华地方病学杂志, 2006, 25
　　　(3): 306-308.

[49] 孙宁, 张莉, 郑合明. 河南省 2009—2019 年水氟测定质控考核结果分析[J]. 中国地方病防治,
　　　2020, 35(3):227-231.

[50] 王艳, 胡留安, 李晓利. 许昌市饮水型氟中毒流行分布及干预情况调查[J]. 中国预防医学杂志,
　　　2011(9):71-73.

[51] 梁翠萍, 刘蕾, 于书萍. 高含氟地区地下水及土壤生态治理技术分析[J]. 水科学与工程技术,
　　　2015(2):65-67.

[52] 胡玉嵘, 董海龙. 2009 年河南省许昌市饮水型地方性氟中毒监测结果分析[J]. 中国地方病学杂
　　　志, 2012, 31(3):318-320.

[53] 曹金亮. 豫东平原高氟水赋存形态及形成机理研究[D]. 北京:中国地质大学, 2013.

[54] 杨合灿, 胡留安, 申宝霞. 许昌市饮水型地方性氟中毒健康教育效果评估[J]. 中国地方病防治杂
　　　志, 2009, 24(6):455-456.

[55] 孙西贝. 吉林乾安氟在水土环境中的分布、成因和生态效应研究[D]. 长春:吉林大学,2007.

[56] 李永富,孟范平,姚瑞华. 饮用水除氟技术开发应用现状[J]. 水处理技术,2010(7):17-20,26.

[57] 李光,赵建民,李磊. 2014年许昌县改水工程基本情况及水氟含量监测结果分析[J]. 河南预防医学杂志,2015,26(4):299-304.

[58] 唐红艳. 饮水型地方性氟中毒病区成人尿氟检测结果分析[J]. 中国地方病防治,35(1):53-56.

[59] 李玉信,金聚忠. 河南平原第四系地下水系统分析[J]. 河南地质,1990(2):53-59.

[60] 霍光,田大永,豆靖涛,等. 河南省地下水氟含量分布特征研究[J]. 河南水利与南水北调,2018(9):41-43.

[61] 毛宏远. 河南省农村饮水氟超标的治理[J]. 河南水利与南水北调,2020(5):231-235.

[62] 申宝霞. 许昌市改水降氟工程使用情况和水氟含量调查[J]. 中国地方病防治杂志,2008,23(5):365-367.

[63] 张威,傅新锋,张甫仁. 地下水中氟含量与温度、pH值、(Na$^+$+K$^+$)/Ca^{2+}的关系——以河南永城矿区为例[J]. 地质与资源,2004,13(2):110-112.

[64] 原春生,侯国强,余波. 河南省改水降氟工程管理模式抽样调查及效果评价[J]. 医学动物防制,2009,25(1):16-17.

[65] 许志洋,丁丹,许光泉. 淮北平原浅层地下水氟的水化学特征及影响因素分析[J]. 水资源保护,2009(2):64-68.

[66] 郑明凯,杨国洲,朱利霞,等. 焦作市地下水高氟区的成因探讨[J]. 环境科学与管理,2007,32(2):5.

[67] 黄胜,卢启苗. 河口动力学[M]. 北京:水利电力出版社,1995:11-14.

[68] 段金叶,潘月鹏,付华,等. 饮用水与人体健康关系研究[J]. 南水北调与水利科技,2006(3):36-40.

[69] 朱其顺,许光泉. 中国地下水氟污染的现状及研究进展[J]. 环境科学与管理,2009,34(1):42-51.

[70] 何锦,张福存,韩双宝,等. 中国北方高氟地下水分布特征和成因分析[J]. 中国地质,2010(3):621-626.

[71] 余波,张莉,侯国强,等. 河南省农村饮水氟含量调查结果分析[J]. 河南医学研究,2010,19(2):231-235.

[72] 张海涛. 吉林省地方性氟中毒防治对策探讨[J]. 中国地方病防治,2020,35(1):11-15.

[73] 姜体胜,杨忠山,王明玉. 北京南部地区地下水氟化物分布特征及成因分析[J]. 干旱区资源与环境,2012(3):99-103.

[74] 申宝霞,胡刘安,王辉. 许昌市部分县区改水降氟工程检测情况分析[J]. 医药论坛杂志,2014,35(2):89-90.

[75] 朱其顺,许光泉,刘天骄. 安徽淮北平原浅层水中氟的调查分析及建议对策[J]. 中国环境监测,2012(6):103-108.

[76] 陈学敏. 环境卫生学[M]. 北京:人民卫生出版社,2007.

[77] 吕丽萍. 沧州地区地下水氟的分布特征及其演变机制[D]. 阜新:辽宁工程技术大学,2012.

[78] 余大富. 土壤氟污染及其危害[J]. 环境科学,1980,3(6):70-74.

[79] 杨军耀. 氟在非饱和带迁移的动态特性研究[J]. 太原理工大学学报,2000,31(2):107-109.

[80] 魏贵臣,陈爱玲. 许昌市区地下水中氟化物的分布特征[J]. 环境监测管理与技术,1993(2):22-23,25.

[81] 杜俊. 太行山山前平原氟元素赋存状态及生态效应研究[D]. 石家庄:石家庄经济学院,2010.

[82] 黎昌建, 蒙衍强, 蒋才武. 地氟病在中国大陆的流行现状[J]. 实用预防医学, 2008, 15(4):1295-1297.

[83] 潘申龄, 安伟, 李红岩. 饮水氟含量与龋齿率的剂量–效应关系的 Meta 回归分析[J]. 环境与健康杂志, 2013(3):48-51.

[84] 孙殿军, 高彦辉. 我国地方性氟中毒防治研究进展与展望[J]. 中华地方病学杂志, 2013, 32(2):119-120.

[85] 熊传龙, 李卫东, 范中学, 等. 饮水氟含量与儿童氟斑牙剂量反应关系的研究[J]. 中华地方病学杂志, 2017, 36(2):100-103.

[86] 曲长菱. 饮用水除氟的试验评估[J]. 环境科学, 1994, 15(4):19-22.

[87] 姚悦. 电絮凝法对制革废水的深度处理研究[D]. 天津:天津科技大学, 2018.

[88] 徐静, 刘国华, 郦逸根. 氟的生物环境地球化学与含氟水处理技术[J]. 西部探矿工程, 2004(10):209-211.

[89] 安永会, 张福存, 孙建平, 等. 我国饮水型地方病地质环境特征与防治对策[J]. 中华地方病学杂志, 2006, 25(2):1.

[90] 佟元清, 李金英, 王立新, 等. 地下水降氟方法对比研究[J]. 中国水利, 2007(10):116-118.

[91] 孙殿军. 中国地方性氟中毒防治策略探讨[J]. 中华地方病学杂志, 2010, 29(2):119-120.

[92] 魏建军, 赵明, 卢伟霞, 等. 郑州市饮水型地方性氟中毒病区改水防制效果评价[J]. 河南预防医学杂志, 2017, 28(12):920-927.